ISBN 978-3-662-27128-5   ISBN 978-3-662-28611-1 (eBook)
DOI 10.1007/978-3-662-28611-1

Referent: Prof. Dr. P. Schulze.

Tag der mündlichen Prüfung: 4. April 1939.

Erschienen in: **Zeitschrift für Morphologie und Ökologie**
Band 35, Jahrgang 1939.

(Aus dem Zoolog. Institut der Universität Rostock.)

HISTOLOGISCHE UNTERSUCHUNGEN ÜBER DIE ENTWICKLUNG DES ZECKENADULTUS IN DER NYMPHE.

Von

SUAVI YALVAÇ[1].

Mit 51 Textabbildungen (61 Einzelbildern) und einer farbigen Tafel.

(Eingegangen am 5. April 1939.)

Inhalt.
Seite
I. Vorwort 535
II. Material und Technik 536
III. Die Veränderungen der Hypodermis und der Cuticula während der Häutung 537
   A. Die Körpercuticula und die Hypodermis der ausgewachsenen Nymphe 537
      a) Die Nymphencuticula 537
        1. Hartes Chitin S, 537. — 2. Weiches Chitin S. 537. — 3. Gelenkchitin S. 539.
      b) Hypodermis 540
   B. Veränderungen der Hypodermis und der Cuticula bei der Entwicklung der Nymphen zum Adultus 540
      a) Die Mitosenperiode 540
      b) Exuvialraumbildung und Auflösung der Nymphencuticula . . 542
      c) Die Bildung der neuen Cuticula und die Veränderungen der Hypodermis bei dieser Tätigkeit 547
        1. Die Abscheidung des harten Chitins S. 548. — 2. Die Abscheidung des weichen Chitins S. 552. — 3. Die Bildung des Gelenkchitins S. 555.
IV. Die Drüsensinnesorgane und ihre Veränderungen während der Häutung der Nymphe 557
V. Das Verhalten der dorso-ventralen Körpermuskulatur zu den Sehnen 562
   A. Die dorso-ventralen Muskeln 562
   B. Sehnenansätze 562
   C. Die Veränderungen der dorso-ventralen Muskulatur der erwachsenen Nymphe bei der Entwicklung zum Adultus 564
VI. Der Geschlechtsapparat 566
   A. Die weiblichen Genitalorgane des frischen Adultus von *Hyalomma* 567
   B. Die Entwicklung der weiblichen Genitalorgane 573
   C. Die männlichen Genitalorgane des frischen Adultus von *Hyalomma* 576
   D. Die Anlage der männlichen Genitalorgane und ihre Entwicklung 580
VII. Zusammenfassung 583
VIII. Literaturverzeichnis 584

I. Vorwort.

Das Interesse an den früher wenig beachteten Zecken hat neuerdings ständig zugenommen, seitdem man erkannt hatte, daß sie nicht nur als Ektoparasiten lästig und schädlich werden, sondern auch eine große Anzahl von Krankheiten des Menschen und besonders der Haustiere übertragen.

---
[1] D. 28.

Als vor etwa 3 Jahren der damalige Ministerpräsident Ismet Inönü, jetzt Präsident der türkischen Republik, das tierärztliche Institut in Ankara besichtigte und dabei auch Zecken zu Gesicht bekam, sagte er: „Das ist auch einer der Unglücksbringer für unsre Bauern." Ein großer Staatsmann hat damit auch für meine Heimat die Bedeutung dieser gefährlichen Schmarotzer klar erkannt und damit auch unausgesprochen die Notwendigkeit, sich eingehender mit ihnen zu beschäftigen. Je vollständiger die gesamten Lebensvorgänge eines Schädlings bekannt sind, um so eher ist die Aussicht auf eine erfolgreiche Bekämpfung gegeben. Unsere Kenntnisse über die Ixodiden sind aber in vielfacher Hinsicht noch sehr lückenhaft. Eine dieser Lücken auszufüllen ist das Ziel der vorliegenden Arbeit: Es liegt noch keine Untersuchung vor, die sich eingehender mit den Umwandlungen befaßt, die vor sich gehen bei der Entwicklung des Adultus in der Ruhenymphe.

Meinem verehrten Lehrer, Herrn Prof. Dr. P. SCHULZE, danke ich herzlichst für die Anregung zu der Arbeit sowie für seine stete Anteilnahme an deren Fortgang und für die Beschaffung eines großen Teils des Untersuchungsmaterials.

II. Material und Technik.

In erster Linie wurde *Hyalomma anatolicum* KOCH untersucht. Herr Dr. E. ANEURIN LEWIS, Veterinary Research Lab. Kabete, Kenya, hatte die große Freundlichkeit, auf eine Bitte von Herrn Prof. SCHULZE hin, Nymphen an verschiedenen Entwicklungstagen in 70%igem Alkohol zu fixieren. Ihm sei für seine große Mühe herzlichst gedankt. Zur Ergänzung wurden herangezogen *Hyalomma aegyptium* L., *Rhipicephalus sanguineus* LATR. aus der Türkei und *Boophilus calcaratus balcanicus* MINNING aus Mazedonien.

Überraschenderweise erwies sich 70%iger Alkohol als ausgezeichnetes Fixierungsmittel. Die Präparate ließen die feinsten histologischen Strukturen erkennen. Andere Fixierungsmittel wie Petrunkewitsch oder Carnoy, die an *Rhipicephalus*-Nymphen ausprobiert wurden, lieferten nicht ausreichend gute Ergebnisse. Die Tiere wurden unter Anwendung der Aceton-Benzolmethode von P. SCHULZE (1927/28) in Paraffin eingebettet. Für meine Objekte erwies sich dabei folgende Behandlungsmethode als am günstigsten:

Am Hinterende eingeschnittene Tiere kamen aus 70% Alkohol auf 1—2 Tage unter mehrmaligem Wechsel der Flüssigkeit in Aceton. Ein längeres Verweilen in Aceton sogar bis zu mehreren Wochen erwies sich als nicht schädlich, während eine kürzere Behandlung als 1 Tag die Schneidbarkeit des schwierigen Materials sehr herabsetzte. Aus dem Aceton kamen die Tiere auf 15—30 Min. in Aceton-Benzol 1:1, $^1/_2$ bis 1 Stunde in Benzol, 2—3 Stunden in flachen offenen Schalen im Thermostaten in Benzol-Paraffin, 12—24 Stunden in reines Paraffin, das 1—2mal gewechselt wurde. Da die Schnitte wegen der schlecht haftenden Chitincuticula leicht fortschwimmen, mußte das Eiweiß auf sorgfältig gereinigten Objektträgern sehr kräftig verrieben werden. Gestreckt wurden die Schnitte auf einem Wasserbad bei 50—60° C. Auf diese Weise konnten so gut wie lückenlose Serien von 8—10 μ erhalten werden.

Für die Färbung erwies sich als ganz ausgezeichnet die Carbolthioninfärbung nach KRAUSE, die ich auf Anraten von Prof. P. SCHULZE zum ersten Male für histologische Zwecke anwandte. (In 100 ccm Aqua dest. wurden 2,5 g kristallisierte Carbolsäure [Phenol] gelöst, dazu kamen 10 ccm Thioninlösung, die aus einem Teil der in 50% Alkohol gesättigten Thioninstammlösung und einem Teil 96% Alkohol besteht.)

Die bis Wasser herabgeführten Schnitte wurden 5—10 Min. in der Lösung bei etwa 40—50° im Thermostaten gefärbt. Darauf wurden sie unmittelbar in 100%igen Alkohol gebracht, wobei die Flüssigkeit mehrfach gewechselt wurde. und unter dem Mikroskop die Differenzierung beobachtet. Als Gegenfarbe wurde in Alk. abs. gelöstes Eosin benutzt, Einwirkung etwa 1 Sek.

Die Färbung ist ganz ungewöhnlich scharf und kontrastreich. Das Plasma erscheint rosa, die Kerne violett, der Darminhalt hellgrün, das Guanin tiefblau, hartes und weiches Chitin in verschiedenen Tönungen blau und grün usw.

III. Die Veränderungen der Hypodermis und der Cuticula während der Häutung.

A. Die Körpercuticula und die Hypodermis der ausgewachsenen Nymphe.

a) Die Nymphencuticula. Zur Untersuchung dienten Nymphen von *Hyalomma anatolicum* KOCH, *Rhipicephalus sanguineus* LATR. und *Boophilus calcaratus balcanicus* MINNING. Abgesehen von den *Boophilus*-Nymphen, die den Wirt nicht verlassen, wurden nur vom Blutspender abgefallene Tiere geschnitten, die sich anschickten, in das Ruhestadium zwischen Nymphe und Adultus überzugehen.

Die Cuticula derartiger Nymphen läßt drei unterschiedliche Ausprägungen erkennen.

1. Hartes pigmentiertes Chitin. Das Scutum, das Capitulum, die Beine, die Stigmen, der Ring um den After und die Analklappen.

Es setzt sich zusammen:

a) aus dem eine unregelmäßig, senkrechte feine Streifung zeigenden Ektostracum und

b) dem das Ektostracum überdeckenden, sehr dünnen unstrukturierten Tektostracum.

Das Ektostracum ist von fester Beschaffenheit, die Längsstreifung ist bei der Nymphe nur leicht wahrnehmbar (Abb. 2 *H.CH*). Mit Carbolthionin färbt es sich intensiv grün, während weiches Chitin damit schwer oder gar nicht färbbar war.

2. Weiches Chitin. Das Alloscutum und die ventrale Cuticula zeigen uns außer Tektostracum und Ektostracum noch eine andere Chitinschicht, ein aus parallel zur Hypodermis verlaufenden Lagen bestehendes Hypostracum (Abb. 1), das von vereinzelten vertikalen Fibrillen durchsetzt wird (Abb. 4).

Die Dicke des Hypostracums ist sehr viel mächtiger als die des Ektostracums. Die von mir aus 10 Exemplaren errechneten Durchschnittswerte ergaben folgende Zahlen (Tabelle 1).

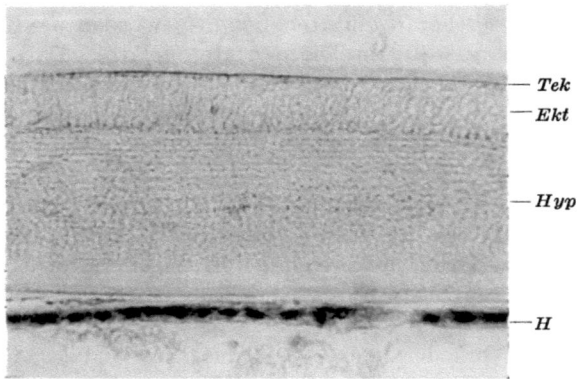

Abb. 1. *Hyalomma anatolicum*[1]. Querschnitt durch das weiche Chitin der Cuticula der Nymphe. *Tek* Tektostracum, *Ekt* Ektostracum, *Hyp* Hypostracum, *H* Hypodermis. Vergr. 300mal.

Bei *Hyalomma* ist das Hypostracum demnach fast 4mal dicker als das Ektostracum. Bei *Boophilus* und *Rhipicephalus* ist das Hypostracum 2,5—2,8mal mächtiger als das Ektostracum. Die Gesamtdicke des weichen Chitins von *Hyalomma* ist viel größer, als bei den beiden übrigen. Es ist dies wahrscheinlich darin begründet, daß *Hyalomma* 1,5—2mal die Körpergröße von *Rhipicephalus* und *Boophilus* übertrifft. Die Dicke der Cuticula bei *Hyalomma* ist besonders durch die Verstärkung des Hypostracums verursacht. Während das Ektostracum bei *Hyalomma* im Vergleich mit den anderen Arten nur 3—4 μ dicker ist, wird das Hypostracum 30—31 μ mächtiger.

Tabelle 1.

Nymphen	Hya-lomma	Boophilus	Rhipice-phalus
Ektostracum μ . . .	14,4	10,4	11,3
Hypostracum μ . . .	54,9	28,5	28,6
Zusammen μ	69,3	38,9	39,9
Vergleich der beiden Schichten	1:3,8	1:2,8	1:2,5

So wie Ektostracum und Hypostracum des weichen Chitins in Bezug auf die Dicke und strukturelle Beschaffenheit verschieden sind, so sind sie es auch in Bezug auf die Farbstoffaufnahme, soweit Färbungsmittel überhaupt eindringen. Während sich das Tektostracum in allen Fällen

---

[1] Wenn nichts anderes angegeben, betreffen die folgenden Abbildungen sämtlich *Hyalomma anatolicum*.

blau färbt, ergab bei *Boophilus* das Ektostracum mit Carbolthionin eine hellblaue, das Hypostracum eine grünlich-hellbraune Färbung. Bei *Rhipicephalus* färbten sich beide Lagen ähnlich, nur schwächer. Das weiche Chitin von *Hyalomma* dagegen zeigte nur einen leichten bläulichen Schimmer im Tektostracum, die übrigen Schichten wiesen nur einen schwachen Rosaton von der Gegenfarbe Eosin auf. Wahrscheinlich ist die *Hyalomma*-Cuticula stärker inkrustiert. Die dichten vertikalen, ungleichmäßigen Strukturen des Ektostracums und die horizontalen Lagen (Abb. 1) nebst den senkrecht aufsteigenden Fibrillen des Hypostracums (Abb. 4), das in der Nähe der Hypodermis hyaliner wird und keine Strukturen mehr erkennen läßt, waren aber deutlich zu sehen. Die vertikalen und horizontalen Strukturen der beiden Schichten von *Boophilus*- und *Rhipicephalus*-Nymphen sind im Vergleich zu denen des weichen Chitins der *Hyalomma*-Nymphe dichter, feiner und gleichmäßiger, daher erschien auch hier die Cuticula dichter.

3. *Gelenkchitin.* Unter „Gelenkchitin" verstehe ich diejenigen Teile des Chitins, denen die Ektostracumschicht fehlt. Also besteht das Gelenkchitin nur aus:

a) dem Tektostracum und
b) dem Hypostracum.

Dies ist darauf zurückzuführen, daß das Ektostracum mit seinen senkrechten Strukturen nicht dehnbar ist und durch seinen Wegfall das Chitin eine höhere Elastizität erlangt. Es ist immer da ausgebildet, wo eine dauernde Beweglichkeit zwischen harten Chitinteilen durch eine gelenkige Verbindung erforderlich ist, wie zwischen Capitulum und Scutum, den Beingelenken und zwischen dem Analring und der Analklappe des Afters der Nymphen.

Das Hypostracum des Gelenkchitins färbte sich mit Carbolthionin nicht, dagegen nahm es mit Eosin eine schwache Rosafärbung an, wie das Hypostracum der Nymphe von *Hyalomma*. Aber es bestand zwischen beiden ein sehr deutlicher Unterschied, indem die horizontalen Lagen des Gelenkchitins stärker lichtbrechend waren und sich vertikale Strukturen nicht nachweisen ließen, während sie beim Hypostracum des weichen Chitins bei demselben Objekt deutlich waren. Es ist von vornherein anzunehmen, daß das zwischen den beiden nicht dehnbaren harten Chitinschichten befindliche Gelenkchitin (Abb. 2) während einer Bewegung der Breite nach dehnbar sein muß. Beim Auseinandergehen der beiden harten Chitinabschnitte wird das Gelenkchitin der Länge nach ausgezogen, infolgedessen wird es schmäler. Wenn sie sich einander nähern, wird es während der gleichzeitigen Einkrümmung breiter. Wäre das Gelenkchitin von senkrechten Fibrillen durchsetzt, würden diese bei der wechselnden Beanspruchung nur hinderlich sein. Die horizontalen Schichten weichen leicht in der Mitte auseinander, während sie an den

Stellen, wo sie mit dem harten Chitin in Verbindung standen, dichter lagen. Das zwischen dem Capitulum und dem Scutum gelegene Gelenk (Abb. 2) ist in der Berührungszone zwischen dem harten und dem Gelenkchitin schmäler als in der Mitte. Während ein Teil der Schichten mehrere Knickungen zeigt, verliefen die übrigen glatt. Es ergibt sich daraus, daß die einzelnen Schichten nicht fest miteinander verbunden sind. Ein anderer Unterschied zwischen dem Gelenkchitin und dem Hypostracum des weichen Chitins besteht darin, daß sie zu verschiedenen Zeiten gebildet werden. Das Gelenkchitin wird von der Hypodermis gleichzeitig mit dem Tektostracum gebildet, während das Hypostracum sehr spät, erst nach dem Ausschlüpfen des Adultus entsteht.

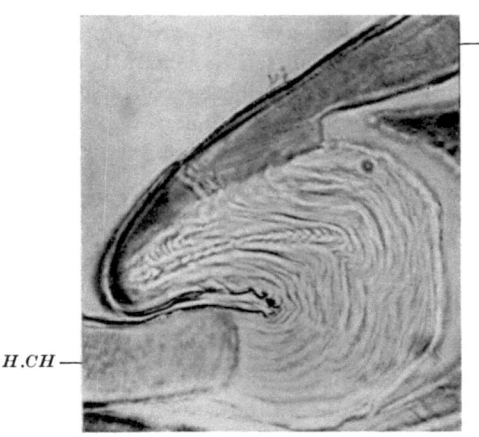

Abb. 2. Querschnitt durch das Gelenkchitin zwischen zwei (*H.CH*) harten Chitinabschnitten der Nymphe. Vergr. 300mal.

b) Die Hypodermis. Die unter der Cuticula der ausgewachsenen Nymphen von *Hyalomma* liegenden Hypodermiszellen färben sich mit Carbolthionin dunkelrosa. Ihre Grenzen sind selten erkennbar, ihre Längsausdehnung ist etwa 3mal größer als der kleinere Durchmesser der Kerne. Das Plasma ist dicht und besitzt keine Vakuolen. Die in der unteren Zellhälfte gelegenen dunkelviolett gefärbten Kerne sind oval, haben einen kleineren Durchmesser von etwa 3,4 μ und einen größeren Durchmesser von 4,55 μ. Alle Kerne enthalten gleichmäßige Chromatinkörnchen. Ein Nukleolus ist in den Kernen der Hypodermiszellen selten (Abb. 12).

B. Veränderungen der Hypodermis und der Cuticula bei der Entwicklung der Nymphen zum Adultus.

Diese Veränderungen wurden bei *Hyalomma anatolicum* während ihrer 24tägigen Entwicklungsperiode „on an hare" untersucht. Sie wurden vom ersten Tage des Abfallens vom Wirte bis zum Ausschlüpfen etwa alle 2 Tage von Herrn Dr. LEWIS-Kabete in Alkohol fixiert, und zwar nach 1, 2, 4, 6, 8, 10, 12, 15, 18, 20, 22, 24 Tagen, und bald nach dem Ausschlüpfen. Zum Vergleich der Ergebnisse wurden einige Schnitte von *Boophilus* und *Rhipicephalus* herangezogen.

a) Mitosenperiode. Zunächst scheint in der Hypodermis die Mitosenperiode einzutreten. Auf den Schnitten vom 1.—8. Entwicklungstage

über die Entwicklung des Zeckenadultus in der Nymphe.

konnte ich in verschiedenen Stellen der Hypodermis mehrere, sich in Prophase befindende Kerne sehen. Leider ist es mir nur auf einem Schnitt durch eine weibliche *Hyalomma*-Nymphe vom 1. Tag gelungen, eine

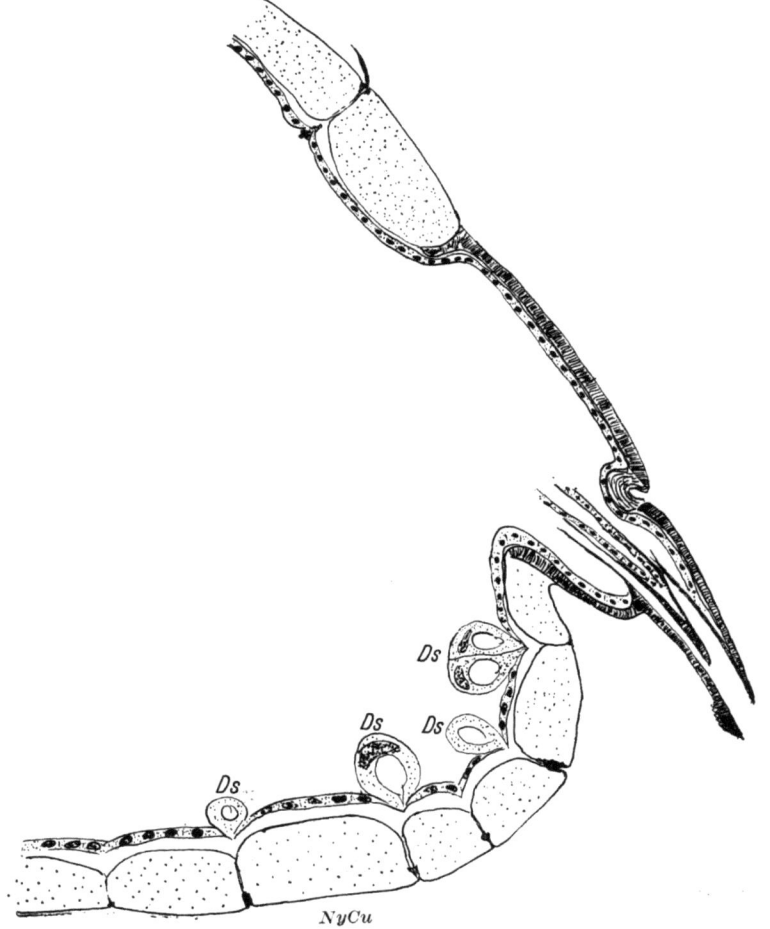

Abb. 3. Die erste Bildung des Exuvialraumes durch die Trennung der Drüsensinnesorgane (*Ds*) von der Nymphencuticula (*NyCu*). Entwicklungstag der Nymphe: 6. Vergr. 70mal.

Mitose mit klarer Chromosomenzahl aufzufinden (Abb. 11). Danach ist die diploide Chromosomenzahl 6. Es hat den Anschein, als ob es sich um 4 Auto- und 2 gleichartige (*X*) Chromosomen handelt. Die Spindel lag senkrecht zur Längsausdehnung der Hypodermis. Mein Suchen nach anderen Mitosen mit klarer Chromosomenzahl, um dieses Ergebnis zu bestätigen, blieb erfolglos.

Aber die geringe von JULIUS WAGNER (1894) für *Boophilus calcaratus* angegebene Chromosomenzahl „6 oder 5" stimmt damit gut überein. Bei *Hyalomma* ahen TUZET und MILLOT (S. 193) „ungefähr" 12. Für *Argas columbarum* SHAW hat OPPERMANN ebenfalls weibliche Homogametie festgestellt, wenn auch hier in der anderen Zeckengruppe die Chromosomenzahl weit höher ist und 26 beträgt.

b) Exuvialraumbildung und Auflösung der Nymphencuticula. Der Anfang der Exuvialraumbildung setzt ein mit der Trennung der Drüsensinnesorgane (s. später) der Haut von ihrem Ausführungsapparat in der Cuticula (Abb. 3). In diesen neu entstandenen Exuvialräumen entleeren nun die Drüsenzellen ihre Sekrete, nachdem sie vorher ihre Abscheidungsprodukte auf die Oberfläche der Nymphencuticula entleerten. Dies ist durch das Vorhandensein der bei der Fixierung niedergeschlagenen und mit Carbolthionin grün gefärbten Sekrete sowohl in der Drüsenzelle als auch in dem Exuvialraum vor der Drüsenzelle festzustellen (Abbildung 4). Die Drüsen treten also in diesem Stadium als Häutungsdrüsen auf. Weitere Funktionen werden wir später kennenlernen.

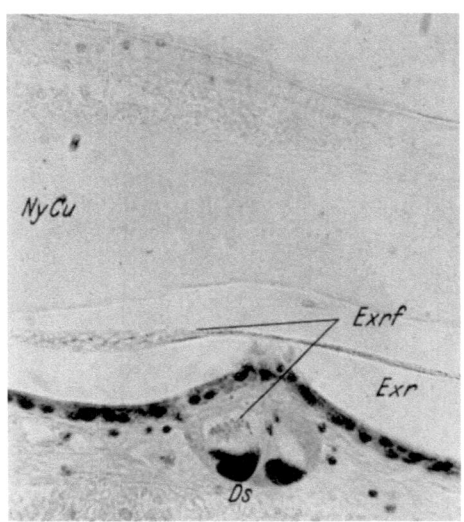

Abb. 4. Die von der Nymphencuticula (*NyCu*) getrennte und als Häutungsdrüse funktionierende Drüsenzelle (*Ds*); in ihrer Blase und im Exuvialraum (*Exr*) niedergeschlagene Exuvialraumflüssigkeit (*Exrf*). Vergr. 300mal.

Am 8.—10. Tage der Entwicklung wird die Anlage des Capitulums von der Cuticula zurückgezogen. So entsteht ein großer Exuvialraum zuerst am Vorderkörper (Abb. 5). Vom 10.—12. Entwicklungstage trennen sich außer der Capitulumanlage noch die Anlage des Genitalapparats und das sich zwischen dem Capitulum und dem Genitalapparat befindende Hypodermisstück (Abb. 6) los. Vom 12.—15. Tage wird der Bezirk zwischen dem Genitalapparat und dem After, der After und der Hinterkörper einbezogen (Abb. 7). Nur die dorsale Hypodermis ist noch mit der Cuticula in Berührung, aber nach 3 weiteren Tagen hat auch sie ihre Verbindung mit der Cuticula gelöst (Abb. 8).

Beachtet man den Verlauf der Exuvialraumbildung, so ist es sehr auffällig, daß die Bildung des Exuvialraums von vorn nach hinten fortschreitet, wobei die ventralen Räume größer sind als die dorsalen. KÜHN

über die Entwicklung des Zeckenadultus in der Nymphe.

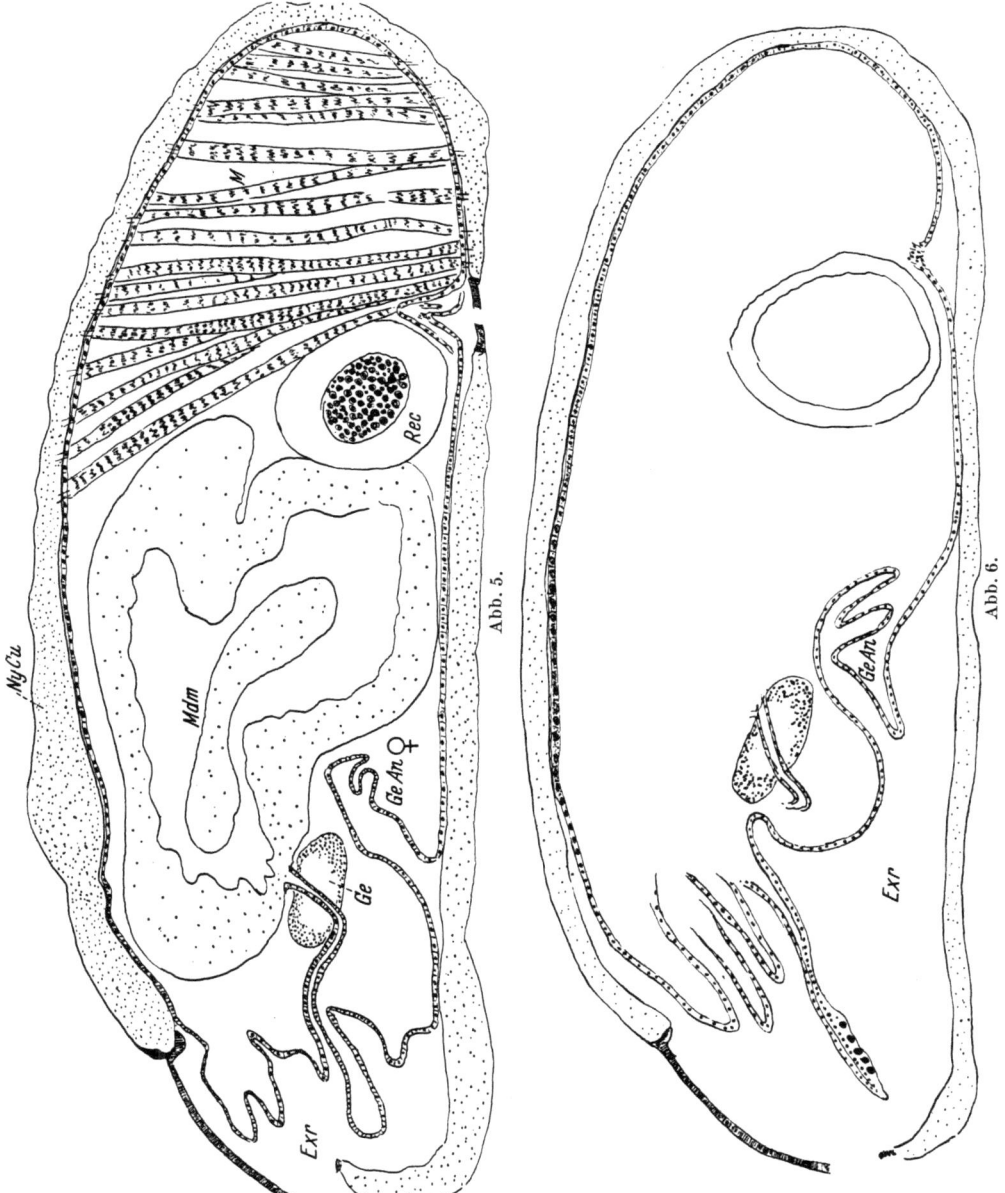

Abb. 5. Die Exuvialraumbildung am Vorderkörper durch Zurückziehung der Anlage des Capitulums. *Exr* Exuvialraum, *Nycu* Nymphencuticula, *Mdm* Mitteldarm, *Rec* Rectalblase, *M* dorso-ventrale Muskulatur, *Ge* Gehirn, *Gean* Genitalanlage. Entwicklungstag: 10. Vergr. 40mal.

Abb. 6. Fortschreiten der Exuvialraumbildung durch die Zurückziehung der Genitalanlage (*Gean*) und des zwischen dem Capitulum und der Genitalanlage befindlichen Hypodermisstückes. Entwicklungstag: 12. Vergr. 40mal.

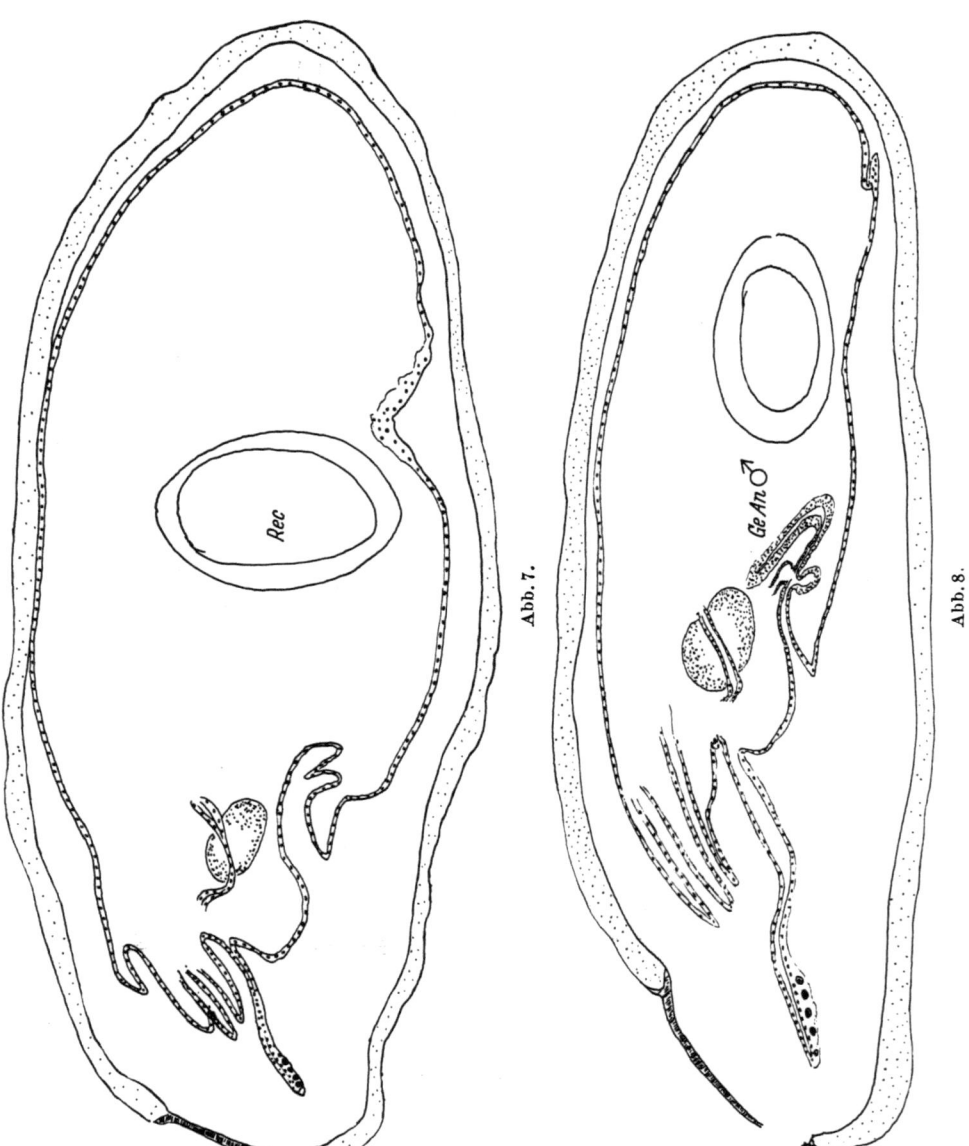

Abb. 7. Weiteres Fortschreiten der Exuvialraumbildung bis auf eine Berührungsstelle der Hypodermis an der dorsalen Seite. Entwicklungstag: 15. Vergr. 40mal.
Abb. 8. Die Vollendung der Exuvialraumbildung. Entwicklungstag: 18. Vergr. 40mal.

und PIPHO (1938) haben bei ihren Untersuchungen an *Ephestia kühniella* Z. festgestellt, daß ein vom Gehirn ausgeschiedenes Verpuppungshormon die Verpuppung von vorn nach hinten verursacht. Da hier die Exuvialraumbildung der Nymphen auch von vorn nach hinten vor sich geht, kann man vermuten, daß ähnliche Verhältnisse vorliegen.

Die obengenannten Autoren weisen darauf hin, daß die Exuvialraumbildung nicht auf die Kontraktion der Muskeln zurückzuführen ist, das gleiche konnte ich bei den Zeckennymphen feststellen. Sie ist lediglich auf Loslösung der Hypodermis zurückzuführen.

Bis zum 12. Tage der Entwicklung sind die Muskeln mit der Cuticula der Nymphe in Verbindung (Abb. 9), während die Bildung des Exuvialraums schon vom 1. Tage an beginnt.

Die Auflösung der Nymphencuticula setzt mit der völligen Trennung des Körpers von der Nymphencuticula ein. Sie dauert vom 18. bis zum 24. Entwicklungstage, an dem die Tiere ausschlüpfen. Dementsprechend setzt die neue Chitinbildung auch vom 18. Tage an ein. Von diesem Zeitpunkt an ist die Exuvialraumflüssigkeit in viel größerer Menge als bisher vorhanden. Sie ist oft bei der Fixierung als zusammenhängende Masse zu erkennen, was eindeutig dafür spricht, daß sie von der Hypodermis ausgeschieden wird (Abb. 10). Im Hypodermisprotoplasma konnte ich beim Fixieren gefällte Sekrete feststellen, die sich ebenso wie die im Exuvialraum niedergeschlagene Masse grün färbten. Es erscheint nicht wahrscheinlich, daß die unregelmäßig und in weiten Abständen verteilten Drüsen allein für die ganze zusammenhängende Masse geronnenen Sekretes als Produzenten in Frage kommen. Hier greifen also offenbar die Hypodermiszellen ein; ein deutlicher Farbunterschied zwischen dem Drüsensekret und der erstarrten Exuvialflüssigkeit ist leider nicht vorhanden. Der zusammenhängende Streifen erscheint nur heller grün als das Sekret der Drüsen. Die Ablösung der Cuticula wird danach gemeinsam durch Absonderungen der Drüsenzellen und der Hypodermis verursacht. Die Drüsen haben also, wie erwähnt, auch die Funktion von Häutungsdrüsen. Obwohl die Drüsen vom Anfang des 1. Entwicklungstages an ihr Sekret ausschütten, blieb die Cuticula ungelöst. Die Flüssigkeit der Drüsen ist, zumindest allein, außerstande, die Nymphencuticula aufzulösen. Die Auflösung der Cuticula wird offenbar durch das Sekret der Hypodermis hervorgerufen.

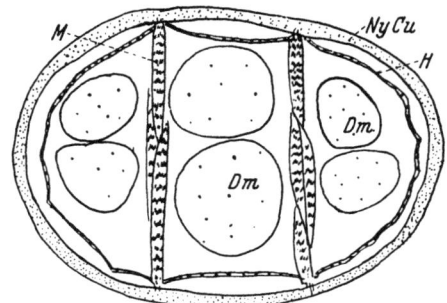

Abb. 9. Die Exuvialraumbildung beginnt bevor die dorso-ventrale Muskulatur (*M*) sich von der Nymphencuticula (*Nycu*) ablöst. *Dm* Darm, *H* Hypodermis. Entwicklungstag: 12. Vergr. 25mal.

Mit der Bildung des Tektostracums des Adultus etwa am 18.—20. Entwicklungstage beginnt die Aufquellung und gleichzeitig die Auflösung.

546   Suavi Yalvaç: Histologische Untersuchungen

Sie vollzieht sich von der der Hypodermis zugekehrten Seite aus. Zunächst blättern die unteren Lamellen des Hypostracums ab. Der Vorgang schreitet dann nach der Oberfläche des Hypostracums fort. Die abgeblätterten Lamellen werden dann in der Exuvialraumflüssigkeit verdaut. Das Ektostracum des weichen und harten Chitins wird aber dabei nicht gelöst.

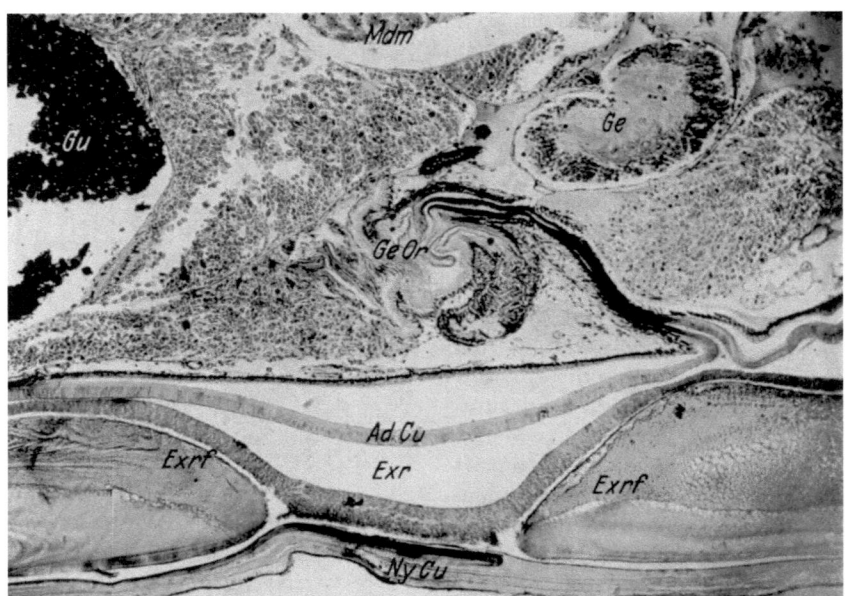

Abb. 10. Bei der Fixierung als zusammenhängende große Masse niedergeschlagene Exuvialraumflüssigkeit(*Exrf*). *NyCu* Nymphencuticula, *AdCu* Adultuscuticula, *GeOr* Genitalorgan, *Dm* Darm, *Mdm* Mitteldarm, *Ge* Gehirn, *Gu* Guanin in der Rectalblase. Entwicklungstag: 25. Vergr. 70mal.

Besonders schön konnte ich den Verlauf der Auflösung der Cuticula an Schnitten durch *Boophilus*-Nymphen verfolgen, da sich die Cuticula bei dieser Art besser färbte (das Ektostracum blau, das Hypostracum grünlichbraun), und bei der Auflösung der Cuticula die Farbe der aufgelösten Teile sich änderte. Am Anfang der neuen Chitinbildung setzt die Aufquellung ein. Die Farbe der aufgequollenen horizontalen Strukturen ist von hellbraun zu rosa übergegangen (Tafel I, Abb. 1a). Die Rosafarbe dehnt sich allmählich von der Basis bis zur Oberfläche des Hypostracums aus und gleichzeitig erfolgt die Aufblätterung der rosa gefärbten Strukturen (Tafel I, Abb. 1b). Bei der unmittelbar vor der Häutung stehenden Nymphe ist vom Hypostracum kaum etwas übriggeblieben. Ektostracum und Tektostracum behalten die Ausgangsfarbe unverändert bei (Tafel I, Abb. 1c). Eine Ausnahme bilden nur einige

über die Entwicklung des Zeckenadultus in der Nymphe.

wenige Stellen des Ektostracums, die ebenfalls von der Exuvialflüssigkeit angegriffen worden sind und nun rosa gefärbt erscheinen.

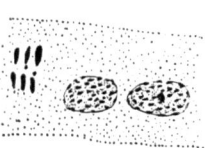

Abb. 11. Die Hypodermis der Nymphe vom ersten Entwicklungstag mit einer Mitose.

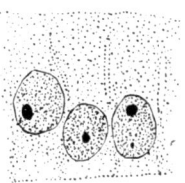

Abb. 12. Bei Beginn der Chitinbildung. Entwicklungstag: 15.

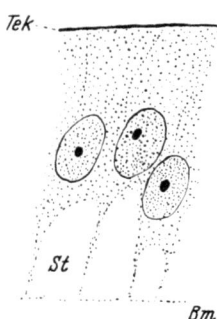

Abb. 13. Bildung des Tektostracums (*Tek*). Entwicklungstag: 18.

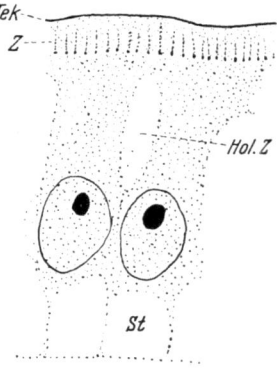

Abb. 14. Fibrillenbildung der Hypodermis (*H*) unter dem gebildeten Tektostracum. Entwicklungstag: 20.

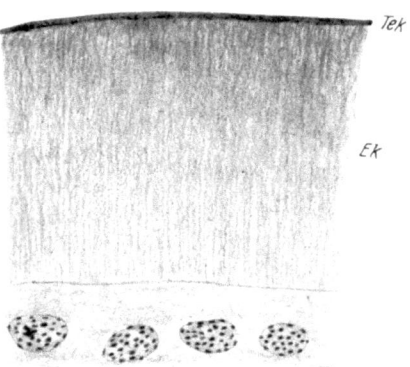

Abb. 15. Das fertig gebildete harte Chitin. Entwicklungstag: 24.
Abb. 11—15. Die Bildung des harten Chitins der Adultuscuticula. Vergr. 1600mal. *Hol.Z.* Hohlraum zwischen den Zellen, *St* „Stelzen" hinter den Zellkernen, *Z* Plasmazone, *Bm* Basalmembran der Zelle.

c) Die Bildung der neuen Cuticula und die Veränderungen der Hypodermis bei dieser Tätigkeit. Am 18. Tage der Entwicklung beginnt die

Hypodermis mit der Abscheidung des Adultuschitins, und dieser Vorgang dauert bis zum 24. Tage. Während der Chitinbildungszeit macht die Hypodermis verschiedene Veränderungen durch. Bis zum 15. Tage der Entwicklung ist die Hypodermis in der obenbeschriebenen Ausgangsform. Die Kerne enthalten noch Chromatinkörnchen, und die Nucleoli fehlen oder sind schwer zu erkennen. Die Zellgrenzen sind undeutlich.

Etwa am 15. Entwicklungstage erfahren die Hypodermiszellen eine auffallende Umformung, die für die Bildung des harten, weichen und Gelenkchitins getrennt geschildert werden soll.

1. Die Abscheidung des harten Chitins. Zuerst treten in der Hypodermis deutliche Zellgrenzen auf. Diese Tatsache macht es auch erst verständlich, daß auf dem Scutum ausgehärteter weiblicher Tiere die Oberfläche des Chitins deutliche Abklatsche der Bildungszellen erkennen läßt. Das Chromatin ist in den Kernen jetzt in ganz feiner Verteilung vorhanden, dadurch wirken diese heller. In ihnen sind jetzt meist ein und bisweilen zwei Nucleoli von verschiedener Größe zu erkennen. Oberflächenvergrößerung des Chromatins und das Auftreten der Nukleolen deuten auf regeren Stoffwechsel in der Zelle hin. Die Kerne stellen sich so ein, daß ihre Längsachse senkrecht zur Cuticula steht und die Zellenwerden allmählich höher (Abb. 12).

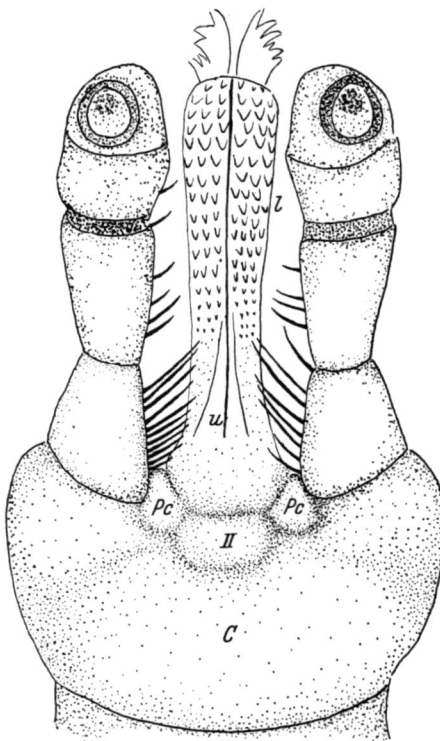

Abb. 16. *Hyalomma aegyptium.* Das Capitulum ventralseits gesehen. *u* Unterlippe, *II* Deuterosternum, *Pc* Processus cymatii, *c* Coxa der Mandibularpalpen, *l* „Lade" = Seitenteil der Clava. Vergr. 80mal.

Am 18. Entwicklungstage sind die Zellen noch höher geworden, die Kerne strecken sich und rücken gegen die Oberfläche vor. Das Tektostracum wird als ganz dünne Chitinschicht abgeschieden. Es ist grünlich gefärbt (Abb. 13).

Der 20. Entwicklungstag bringt eine wesentliche Veränderung der Zelle und des Kernes. Die senkrecht gestellten Kerne sind weiter an die Hypodermisoberfläche gerückt, hinter ihnen entstehen große Lücken, die kein Plasma mehr enthalten, es haben sich Stelzenzellen gebildet. Das Plasma liegt nur distal von den Kernen. Kerne und Nucleoli sind etwa 5mal größer geworden (Abb. 14). Unter dem Tektostracum liegt jetzt eine Plasmazone, die basal durch deutliche Körnchen begrenzt ist und gegen die Oberfläche hin senkrecht stehende Fibrillen erkennen läßt.

Nach 2 Tagen färben sich die Fibrillen des Saumes an der Oberfläche dunkelgrün, in der Mitte des Saumes hellgrün, an der Basis noch wie das Protoplasma. So werden allmählich die Fibrillen des Saumes in die Vertikalstruktur des Tektostracums umgewandelt (Tafel I, Abb. 2). Die Kerne und ihre Nucleoli sind noch groß. Oberhalb der Kerne treten im Protoplasma zwischen den Zellen Lücken auf, die vom Ektostracum dnrch eine dünne, intensiv rosa gefärbte Protoplasmalage getrennt sind. Hier stehen also alle Zellen noch miteinander in Verbindung.

Kurz vor der Häutung, am 24. Entwicklungstage, hat die Hypodermis mit der Chitinabscheidung aufgehört. Das harte Chitin mit seinem aus senkrechten Strukturen bestehenden Ektostracum ist fertig gebildet. Seine vertikalen Elemente verlaufen nach dem Ausschlüpfen leicht geschlängelt (Abb. 15). Wie sich besonders deutlich beim völlig ausgehärteten Chitin zeigt, stellen die senkrechten „Fibrillen" in Wirklichkeit feine Kanäle dar, die beim Eintrocknen voll Luft laufen (s. Abb. 11a bei P. Schulze 1932). Das harte Chitin des letzten Entwicklungstages ist noch ganz weich und unpigmentiert, so daß es sich gut schneiden läßt. Es hat sich gleichmäßig blau gefärbt, während es bei 2 Tagen jüngeren Tieren noch eine dunkelgrüne Färbung besaß. Die Hypodermis wird jetzt dünner. Die Lücken zwischen den Zellen verschwinden. Die Kerne gehen auf jene Größe zurück, die sie etwa vor Beginn der Chitinbildung hatten. Das Chromatin liegt in gröberen, gleichmäßig verteilten Körnchen, die Nucleoli sind wieder undeutlich geworden. Hypodermis und Kerne sind wieder zu ihrer Ausgangsform zurückgekehrt (Abb. 15).

Das harte Chitin des Adultus ist bei Weibchen und Männchen verschieden über den Körper verteilt. Während beim Weibchen wie bei den Nymphen Scutum, Capitulum, Beine, Analring und -klappen und die Atemplatte aus hartem Chitin bestehen, tritt beim Männchen, abgesehen von diesen Stellen, das harte Chitin auf dem ganzen Rücken auf (Conscutum = Scutum + Alloscutum) und ferner in der Analbeschilderung.

Das Capitulum weist einen besonders komplizierten, aus mehreren Einzelstücken zusammengesetzten Bau auf, der in Arbeiten von P. Schulze (1932, 1935, 1937) ausführlich besprochen ist. Ich will hier nur auf die Histologie der Hypodermis des Rüssels (Clava) und der sich caudal anschließenden Stücke, Deuterosternum = II und Processus cymatii = Pc eingehen (Abb. 16), da sie interessante Verhältnisse erkennen lassen.

P. Schulze hatte gezeigt, daß die Clava aus drei Stücken besteht, der Unterlippe und den sie umschließenden Zähnchen tragenden Laden. Die Schnitte durch den Rüssel von *Hyalomma* vom 15.—24. Entwick-

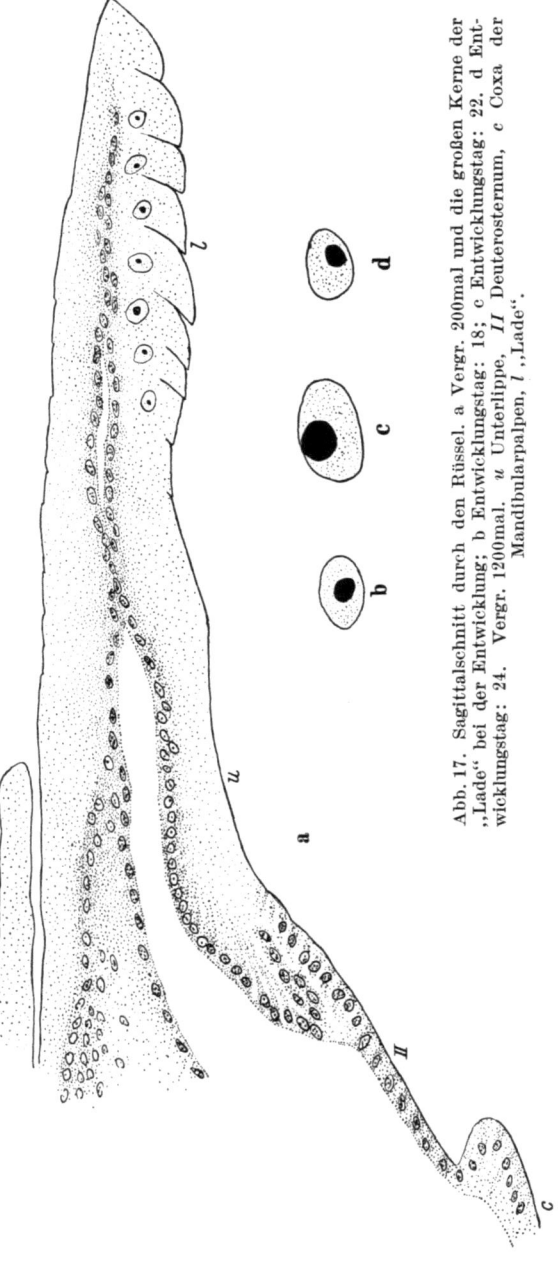

Abb. 17. Sagittalschnitt durch den Rüssel. a Vergr. 200mal und die großen Kerne der „Lade" bei der Entwicklung; b Entwicklungstag: 18; c Entwicklungstag: 22. d Entwicklungstag: 24. Vergr. 1200mal. u Unterlippe, II Deuterosternum, c Coxa der Mandibularpalpen, l „Lade".

lungstage lehren über diese Verhältnisse folgendes: Das Protoplasma der Hypodermis der Unterlippe und das der Laden lassen keine Grenze zwischen sich erkennen (Abb. 17a, 19), sie bilden ein einheitliches Synzytium. Wohl aber ist das Plasma der Unterlippe bedeutend dunkler rosa gefärbt als das der Lade. Der wesentliche histologische Unterschied der beiden Schichten liegt aber darin, daß die Hypodermiskerne der Unterlippe und der Lade sich ganz auffallend durch ihre Größe unterscheiden. Die Kerne der Lade, die so liegen, daß je ein Kern einem Rüsselzähnchen entspricht, haben ein Volumen, das weit größer ist als das der Unterlippenkerne, ja überhaupt das aller Kerne des Tieres übertrifft mit Ausnahme der Drüsenzellkerne. Um die Größenverhältnisse in Zahlen ausdrücken zu können, habe ich in Schnitten desselben Tieres Kerne der beiden Schichten des Rüssels und der Hypodermis des Körpers und der Beine gemessen und nach der Formel des Rotationsellipsoids $\frac{4}{3} Rr^2 \pi$ ihre Volumina berechnet. Es stellte sich heraus, daß drei Gruppen von Kerngrößen vorhanden sind, die mit großem Abstand voneinander zu trennen sind. Obwohl die Kerne der einen Gruppe unter sich große Schwankungen aufweisen,

über die Entwicklung des Zeckenadultus in der Nymphe.

da die ellipsoiden Kerne teilweise angeschnitten waren, waren die Kerne, die die größten Volumina ihrer Gruppe vertraten, viel kleiner als die kleinsten Kerne der nächsthöheren Gruppe. Jede Gruppe bestand aus 20 Kernen. Die Gruppe, der die kleinsten Kerne zugehörten, zeigte eine Volumschwankung von $26{,}3 \cdot \frac{4}{3}\pi\mu^3$ bis $67{,}5 \cdot \frac{4}{3}\pi\mu^3$ und ein arithmethisches Mittel von $43 \cdot \frac{4}{3}\pi\mu^3$ *. Zu dieser Gruppe gehörten hauptsächlich die Kerne der Beine. Die Kerne der Hypodermis der Unterlippe und des Integuments hatten eine Volumschwankung von 91,3—192,3 und ein arithmetisches Mittel von 132. Die höchste Gruppe stellten die Kerne der Lade dar. Sie zeigten eine Volumschwankung von 422,5—861. Ihr arithmetisches Mittel war 584. Nach den Zahlen der arithmetischen Mittel ist ein Volumenverhältnis dieser Gruppen von etwa 1 : 3 : 13,6 festzustellen. Die Zahl der gemessenen Kerne ist für absolute Genauigkeit nicht groß genug, aber sie genügen, um uns ein Bild davon zu geben, wie riesengroß die Kerne der Lade im Vergleich zu den Hypodermiskernen der anderen Körperteile sind. Diese großen Kerne sind viel heller rosa gefärbt als die übrigen, was wohl dafür spricht, daß die Volumenvergrößerung auf Flüssigkeitsaufnahme oder -abscheidung beruht. Öfters besaßen sie auch zwei Nucleoli, die so groß wie die kleinen Kerne waren. Während der Chitinbildung nahmen sie ebenfalls an Ausdehnung zu (am 18. Entwicklungstag 211, am 22. Tag 584 und am 24. Tag 236), nach deren Beendigung dagegen weiter ab (Abb. 17 b, c, d). Trotzdem waren sie auch in diesem Stadium noch viel größer als die Kerne der anderen Teile.

Das Deuterosternum und die Processus cymatii waren bei dem noch nicht ganz pigmentierten Adultus von *Hyalomma* von der Oberfläche aus als helle rundliche Flecke etwas zu erkennen (Abb. 16). Sie zeigten kaum eine Auswölbung an ihren Oberflächen, so daß ihre Feststellung von der Oberfläche aus sehr schwer war, während ihr Vorhandensein auf den Schnitten leicht festzustellen war. Das zwischen den beiden Processus cymatii gelegene, vorn durch die Unterlippe, hinten durch den Kragen begrenzte Deuterosternum zeigt seine Sonderstellung durch die Hypodermis, die durch zwei Faltungen von der Unterlippen- und der Kragenhypodermis getrennt ist. Die Faltung, die zwischen Deuterosternum und Unterlippenhypodermis liegt, unterscheidet sich von der Falte zwischen Deuterosternum und Kragen dadurch, daß sie die Unterlippenhypodermis überlagert (Abb. 17a).

Die paarigen Processus cymatii liegen seitlich vorn dem Deuterosternum an und sind zwischen Palpen und Rüssel eingekeilt. Ein Querschnitt durch die betreffende Stelle des Capitulums zeigt uns das Vorhandensein zweier besonderer Abschnitte im Capitulum viel deutlicher

---

* Im folgenden wird $\frac{4}{3}\pi\mu^3$ fortgelassen.

als die Oberflächenskulptur des Collare. Die gleichmäßige Anordnung der Hypodermiskerne ist an dieser Stelle durch Bildung zweier tiefer Buchten unterbrochen (Abb. 18, Pc).

2. *Die Abscheidung des weichen Chitins.* Bei der Abscheidung dieser Chitinart erfährt die Hypodermis wegen der Faltenbildung des Ektostracums noch etwas andere Veränderungen als bei der Bildung des harten Chitins. Sie setzen ebenfalls am 15. Tage ein. Die Kerne strecken sich nach der Oberfläche. Während das Chromatin an Färbbarkeit verliert, treten die Nucleoli deutlicher hervor. Die Zellgrenzen sind gut bemerkbar. Die charakteristische Veränderung der weiches Chitin abscheidenden Hypodermis kommt dadurch zustande, daß die Zellen, die vorher noch eine glatte Oberfläche hatten, am 15. Entwicklungstage von ihren Oberflächen aus je zwei Leisten hervortreten lassen (Abb. 20b).

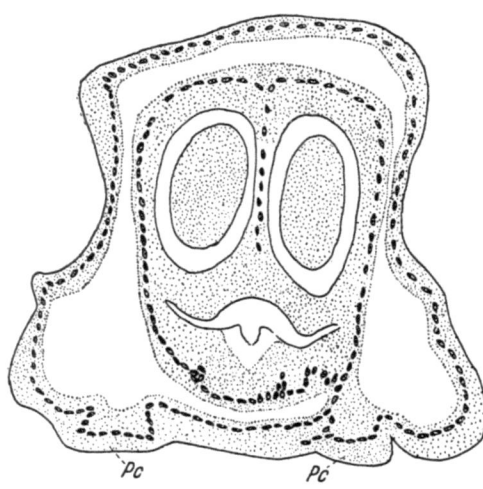

Abb. 18. Ein Querschnitt durch das Capitulum, in dem die paarigen Processus cymatii (Pc) getroffen sind. Vergr. 100mal.

Je zwei zu zwei benachbarten Zellen gehörende Plasmaleisten legen sich zu einer Doppelzotte zusammen, die im Sagittalschnitt und auch in tangential getroffenen Stellen eine deutliche Grenze erkennen läßt. Die Zellen liegen meist etwas schräg. Ihre Leisten sind blasser rosa gefärbt als der untere Teil der Zelle. Die durch die Leisten zweier benachbarter Zellen entstandenen Zotten sind von Sekret umgeben, das offenbar aus der Hypodermiszelle kommt.

Die Zotten sind in Reihen angeordnet, die durch Furchen voneinander getrennt sind (Abb. 20b). Diese Reihe der Zotten ist die Anlage der Falten des Alloscutums. Seine Dehnungsfurchen liegen also zwischen den Zotten und nicht in den Zellgrenzen.

Diese recht komplizierten Verhältnisse sind in Abb. 21a schematisch dargestellt.

Auch hier ist der 18. Entwicklungstag die Zeit für die Chitinbildung. Die Zotten und die unteren Teile der Zellen werden höher und sind mit einer dünnen grüngefärbten Schicht überdeckt. Bemerkenswert sei, daß die Leisten der Zellen beim Wachstum sich senkrecht einstellen, während der untere Teil der Zelle die schräge Lage bewahrt. Die Furchen sind noch mit Exuvialraumflüssigkeit erfüllt. Die Zellgrenzen in den Zotten sowie auch in den unteren Teilen der Zellen sind deutlich. Die nach der Oberfläche der Hypodermis gerichteten schmalen Kerne sind mit ihren deutlichen Nucleoli etwas größer geworden (von 35 auf 48,5 gestiegen) und näher an die Oberfläche herangerückt (Abb. 22).

2—4 Tage später haben die Zellen eine sehr beträchtliche Höhe erreicht. Die Kerne (208,7) und ihre Nucleoli sind noch größer geworden. Die unterhalb der Kerne gelegenen Teile der Zelle sind völlig plasmaleer und zu „Stelzenzellen" geworden. Die distal von den Kernen liegenden Zellteile haben sich nun ebenso wie die Zotten senkrecht gestellt,

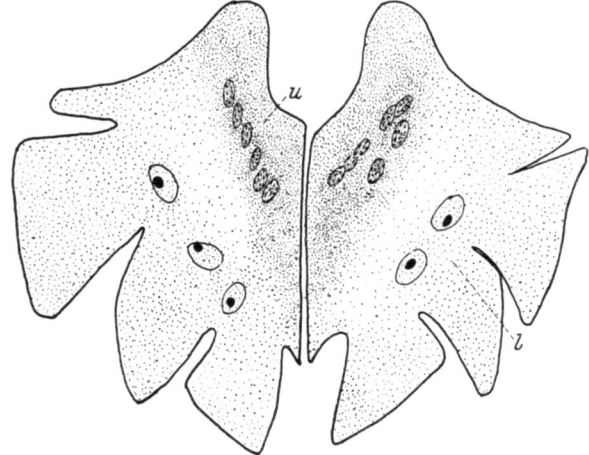

Abb. 19. Ein Querschnitt durch den Rüssel. *u* Unterlippe, *l* Lade.

während die „Stelzen" wie ursprünglich schräg liegen. Zwischen den Plasma enthaltenden Teilen der Zellen sind bis an die Oberfläche der Hypodermis reichende, schmale lange Lücken zu erkennen. Unter dem schon gebildeten Chitin findet sich eine schmale Zone besonders dunkel gefärbten Plasmas. Von dieser Zone aus gehen rosa gefärbte, kurze vertikale Fibrillen in das in Bildung befindliche Chitin hinein. Die Zone läuft über die zwischen den Zellen entstehenden Lücken hinweg, so daß die Zellen durch sie an ihren Oberflächen in Verbindung stehen (Abb. 23 und 24).

Die weitere Chitinbildung beginnt an der Spitze der Zotten und schreitet zur Basis fort, während die erwähnte dunkle Zone sich von den Zotten zurückzieht.

An manchen Schnitten des 22. Entwicklungstages kann man gut sehen, wie die Zotten bis zur Basis chitinisiert sind. Die dunkle Zone springt an der Zellgrenze ein wenig in die Zotte vor (Abb. 23), daher erscheint dieser Bezirk in seiner Gesamtheit wellig. Dann wird der dunkle Saum wieder geradlinig und die Chitinbildung erfolgt auch an der Basis der Furche (Abb. 24). Im Chitin ist jetzt die senkrechte Streifung deutlicher wahrzunehmen als vorher. Es ist auch bedeutend intensiver gefärbt. Die dünne Schicht um die Zotten und auf der Furche schimmert bläulich. Die Kerne haben nun ihre Maximalgröße erreicht. Die Lücken zwischen den Zellen und unterhalb der Kerne sind nach wie vor vorhanden. Unmittelbar vor dem Ausschlüpfen werden die Kerne

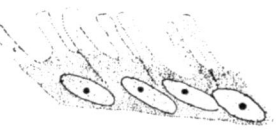
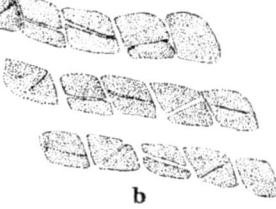

a   b
Abb. 20. Quer- *a* und Tangentialschnitt *b* durch die Hypodermis bei der Zottenbildung. Entwicklungstag: 15.

plötzlich kleiner (45,6) und gehen etwa auf jene Größe zurück, die sie vor Beginn der Chitinbildung besaßen, wobei ihr größter Durchmesser auch wieder in der Horizontalen liegt (wie bei der harten Chitinbildung Abb. 11). Sie lassen wieder die gleichmäßig verteilten Chromatinkörner erkennen und die Nucleoli werden wieder undeutlich. Die Zellen sind beträchtlich niedriger ge-

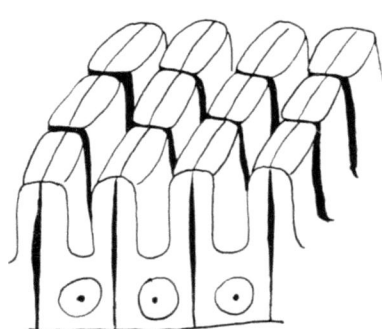
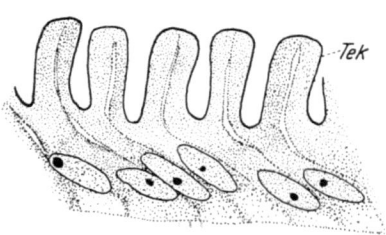

Abb. 21.   Abb. 22.
Abb. 21. Schematische Darstellung der sich in eine Reihe anordnenden Hypodermiszellen, um die Falten des weichen Chitins zu bilden.
Abb. 22. Die Bildung des Tektostracums. Entwicklungstag: 18.

worden, die während der Chitinbildung vorhandenen Lücken sind völlig verschwunden.

Nun ist die Bildung des Tektostracums und Ektostracums beendet (Abb. 25). Das das Ektostracum überdeckende dünne Tektostracum erscheint stark lichtbrechend in blauer Farbe. Die Farbe des Ektostracums ist von dunkelgrün zu einem kräftigen grünlichbraun übergegangen. Die senkrechten Fibrillen des Ektostracums sind fein und deutlich. Damit ist die weiche Chitincuticula aber nicht fertig, ihr kennzeichnender

über die Entwicklung des Zeckenadultus in der Nymphe. 555

Abschnitt, das Hypostracum, ist noch nicht vorhanden. Da die Veränderungen der Hypodermis und der Kerne während der Chitinbildung aufgehört haben und auch bei frisch ausgeschlüpften Tieren das Vorhandensein des Hypostracums noch nicht festzustellen war, muß man annehmen, daß nun eine Unterbrechung der Chitinbildung eintritt.

3. *Die Bildung des Gelenkchitins.* In bezug auf die Bildung des Gelenkchitins ist nicht viel zu sagen, da hier ähnliche Verhältnisse wie bei der Bildung des weichen und harten Chitins vorhanden sind. Der Unterschied ist der, daß die Zellen und ihre Kerne sehr schräg zur Oberfläche liegen (Abb. 26), höchstwahrscheinlich ist dies auf die Bildung der horizontalen Strukturen des Gelenkchitins

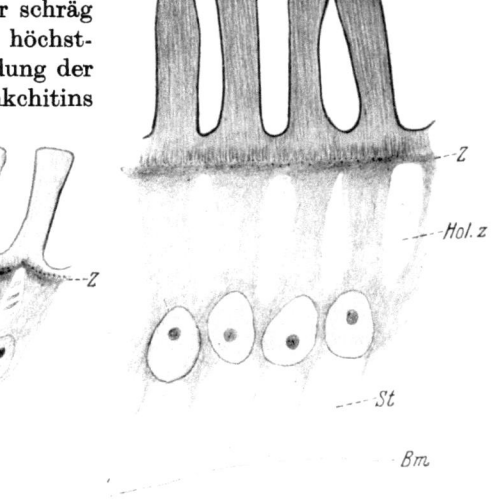

Abb. 23. Abb. 24.
Abb. 23 und 24. Die Bildung des Ektostracums. Entwicklungstag: 20 und 22. *Tek* Tektostracum, *z* Plasmazone, *Bm* Basalmembran der Zelle, *Holz* Hohlraum zwischen den Zellen, *St* „Stelzen" hinter den Zellkernen.
Abb. 20—24. Die Bildung des weichen Chitins. Vergr. 1200mal.

zurückzuführen. Das fertig gebildete Gelenkchitin des Adultus unterscheidet sich von dem der Nymphe nicht. Es ist über den Körper des Adultus genau wie bei der Nymphe verteilt.

Die auffälligsten Erscheinungen, die wir bei den Veränderungen der Hypodermis während der Bildung des harten, weichen und Gelenkchitins festgestellt haben, sind folgendermaßen zusammenzufassen:

a) Die Zellen der Hypodermis werden mit Beginn der Chitinbildung höher und ihr Plasma sammelt sich distal von den Kernen an, so daß hinter den Kernen „Stelzen" entstehen.

b) Bei der Chitinbildung strecken sich die zunächst rundlich-ovalen Kerne mit der Längsausdehnung der Zellen ebenfalls in die Länge. Je nach der Lage der Zellen liegen sie nun senkrecht oder parallel zur Oberfläche (Abb. 14, 23, 26).

c) Während der Chitinbildung nehmen die Kerne an Ausdehnung beträchtlich zu, nach deren Beendigung gehen sie auf jene Größe zurück, die sie vor Beginn der Chitinbildung besaßen. Die Färbung der Kerne wird beim Größerwerden schwächer und beim Kleinerwerden wieder dunkler.

Abb. 25. Querschnitt durch das neugebildete Ektostracum des gefalteten weichen Chitins. Vergr. 700mal.

Daß die Hypodermiszellen sich in die Länge strecken und ihre Kerne an die Oberfläche rücken und unterhalb der Kerne zu ,,Stelzenzellen" werden, wurde von ALFRED KÜHN und PIEPHO 1938 auch bei *Ephestia kühniella* festgestellt. Eine Veränderung der Kerngröße wird von den Autoren nicht erwähnt. Dagegen beobachtete E. SCHLOTTKE (1938) diesen Vorgang bei der Häutung der Spinnen, er schreibt in seiner Arbeit: ,,Die Kerne sämtlicher chitinbildenden Epithelzellen und meist auch deren Nucleoli vergrößern sich während der Abscheidung des Chitins ganz beträchtlich

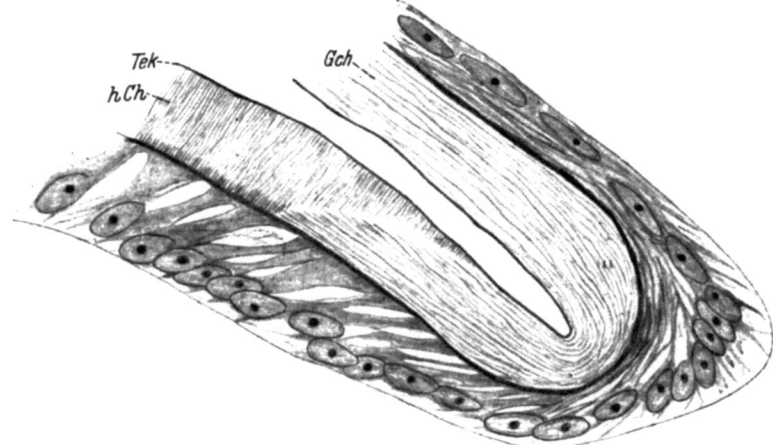

Abb. 26. Die Bildung des Gelenkchitins zwischen dem ventralen Capitulum und dem Körper. Vergr. 1200mal. Entwicklungstag: 22. *Gsch* Gelenkchitin, *Tek* Tektostracum, *Hch* hartes Chitin.

und werden dann wieder kleiner bis zur ursprünglichen Größe, ohne daß eine mitotische oder amitotische Teilung dazwischen liegt."

Da die Mitosenperiode bei *Hyalomma* gleich nach dem Abfallen der Nymphe vom Wirte durchlaufen wird, während die Chitinbildung im letzten Viertel der Ruheperiode stattfindet und die Intensität der Kernfärbung mit der Veränderung der Kerngröße wechselt, kann auch hier keine Rede von irgendwelchen Kernteilungen bei der Chitinbildung sein, sondern es handelt sich offenbar nur eine mit der Funktion zusammenhängende Aufnahme und Abgabe von Flüssigkeiten durch die Kerne.

IV. Die Drüsensinnesorgane und ihre Veränderungen während der Häutung der Nymphe von Hyalomma.

Die von P. SCHULZE entdeckten Drüsensinnesorgane der Zecken stellen eigentümliche, aus Drüsen- und Sinneszellen zusammengesetzte Gebilde dar. Sie bestehen meist aus zwei, bisweilen auch aus drei nebeneinander stehenden subepithelialen Drüsenzellen. Zwischen den Drüsenzellen zieht die Sinneszelle hindurch und mündet in einer komplizierten, entweder pfeil- oder spießförmigen Chitinbildung, die in den Endabschnitt des gemeinsamen Ausführungsganges eingeschaltet ist. Die Sensilla sagittiformia sind größer als die hastiformia (Abb. 27 und 28) und haben einen breiteren Ausführgang. Entsprechend sind auch ihre Drüsenzellen stets größer. (Über den feineren Bau und den Nervenendapparat wird P. SCHULZE an anderer Stelle berichten.)

Der Kern der Sinneszelle liegt inmitten des Ganges. Die Drüsensinnesorgane finden sich sowohl dorsal wie ventral auf Scutum, Conscutum sowie auf Alloscutum und dem weichen Chitin der Bauchseite und machen vom Beginn der Entwicklung der Nymphe an Veränderungen durch, die auf eine Beteiligung bei der Häutung schließen lassen (s. S. 542). Die Veränderungen dieser Drüsenzellen haben eine gewisse Ähnlichkeit mit den von KÜHN und PIEPHO (1938) untersuchten VERSONschen Drüsen bei *Ephestia*. Sie dienen bei der Häutung als Häutungsdrüsen. Aber histologisch handelt es sich hier um ganz andere Verhältnisse.

In der vollgesogenen Nymphe zeigen die großen Drüsenzellen nur einen dünnen Wandbelag von Protoplasma, der Rest ist offenbar bei der Sekretbildung verbraucht worden. Basal liegen in dem spärlichen Plasma die Kerne, deren Größe und Form von dem vorhandenen Plasma abhängt (Abb. 29a). Von ihnen ausgeschiedenes, anscheinend kolloidales Sekret ist im Kanal der Drüsensinnesorgane und in einem Cuticularbereich um die Öffnung herum festzustellen. Mit Carbolthionin ist das Ausscheidungsprodukt dunkelblau gefärbt, im gleichen Farbton wie das Guanin in Rectalblase und MALPIGHIschen Gefäßen. Es hat hier wohl die Aufgabe, die Sinnesorgane und die Haut der Nymphe vor Austrocknung zu schützen.

Sowie bei der Exuvialraumbildung die Trennung der Drüsensinnesorgane von ihrem Ausführungsgang erfolgt, werden die zu einem großen Hohlraum vakuolisierten Drüsenzellen nach und nach regeneriert. Sie sind nun im Vergleich zu den alten sehr klein (Abb. 29 b), aber ihr Plasma besitzt keine Vakuolen und ihr Kern ist oval und ohne Nucleoli. Die Drüsenzellen werden nun bis zum 15. Entwicklungstag immer größer. In ihrer Mitte entsteht je eine Blase, die mit einem Gang in den Exuvialraum zwischen der Nymphencuticula und der Hypodermis mündet. Blase und Gang haben plasmatische Wände (Abb. 30). Der Kern der Drüsen-

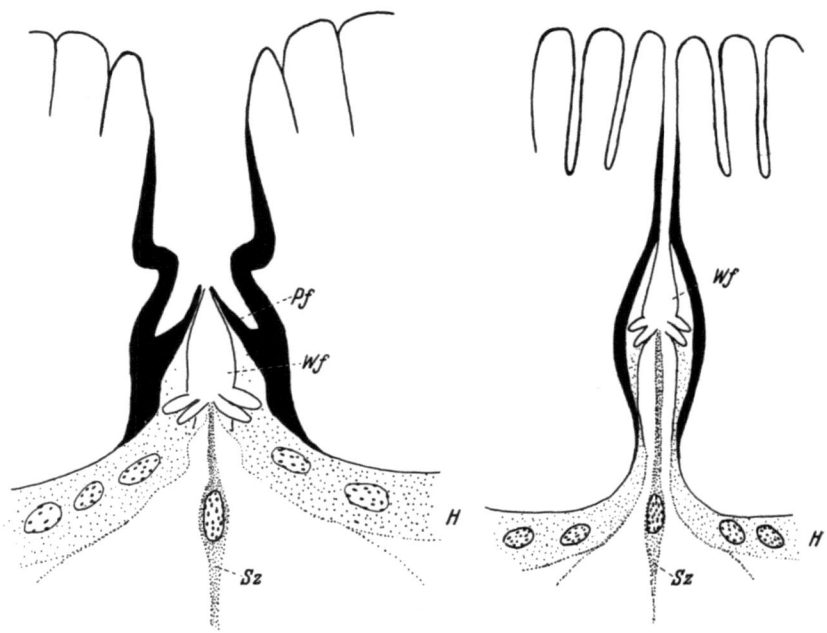

Abb. 27. Querschnitt durch ein *Sensillum sagittiforme*. *Pf* Pfeilförmiger Ausführgang, *Wf* Wimperflamme, *H* Hypodermis, *S* Sinneszelle. Vergr. 1200mal.

Abb. 28. *Sensillum hastiforme*, einfacher Ausführgang. Vergr. 1200mal.

zelle ist stark herangewachsen. Er umwächst den Grund der Zellblase und besitzt große lappige oder auch rundliche Nucleoli, die sich mit Eosin intensiv rot gefärbt haben.

Wie wir schon bei der Exuvialraumbildung erwähnt haben, finden wir in der Blase der Drüsenzelle und auch in dem durch ihre Trennung von ihrem Ausführungsapparat entstandenen Exuvialraum mit Carbolthionin grün gefärbtes Sekret (Abb. 4). Die Drüsensinnesorgane dienen von diesem Stadium an bis zum Ausschlüpfen des Adultus durch Entleerung ihres Sekrets in den Exuvialraum offenbar als Häutungsdrüsen. Diesmal handelt es sich um ein anderes beschaffenes Sekret, als das vor der Häutung nach außen abgegebene mit Carbolthionin (Färbung grün gegen dunkelblau). Ob eine andere Substanz gebildet wird oder nur eine Zustandsveränderung des gleichen Stoffes vorliegt, habe ich nicht entscheiden können.

Zwischen den Drüsenzellen treten jetzt anstatt eines Kernes vier auf, die genau wie die Kerne der Hypodermis aussehen (Abb. 30). Zwei von ihnen liegen nebeneinander um den gemeinsamen plasmatischen Gang, die beiden anderen dagegen hintereinander unter diesen. Da von diesen

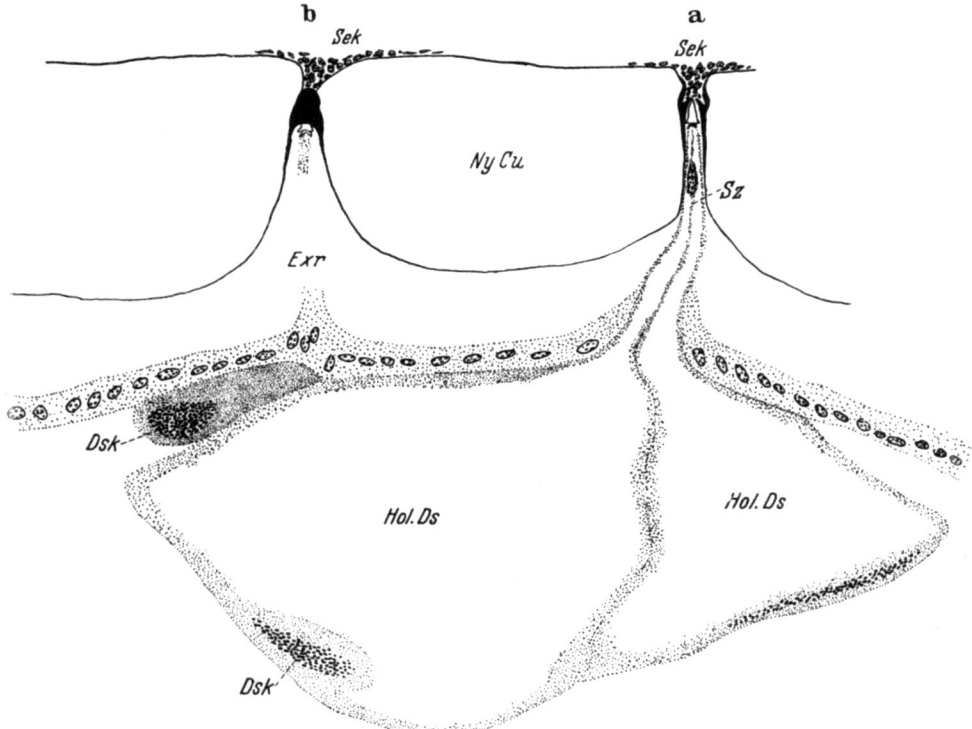

Abb. 29. Drüsensinnesorgane der Nymphen vom 1. Entwicklungstag; a vor der Sezernierung; b nach der Sezernierung. *Sek* Sekret, *Nycu* Nymphencuticula, *Sz* Sinneszelle, *Hol* Hohlraum der Drüse, *Dsk* Kern der Drüsenzelle, *Exr* Exuvialraum.

Kernen der unterste zur Sinneszelle gehört, stammen die drei anderen offenbar aus der Hypodermis. Vermutlich gehören die beiden nebeneinander liegenden Kerne zu zwei den Ausführungskanal bildenden Zellen und der dritte zu jener Zelle, die die ,,Wimperflamme" des Endapparates liefert, da sie nach der Wiederherstellung des Ausführungsapparates verschwinden, während der vierte als Kern der Sinneszelle zurückbleibt.

Während die erwähnten vier Kerne fast immer festzustellen waren, konnte nur gelegentlich am Grunde der eindringenden Sinneszelle noch ein weiterer Nervenkern festgestellt werden (Abb. 30, *NK*).

Mit Beginn der Chitinbildung der Cuticula treten in den Drüsenzellen weitere Veränderungen auf. Im Plasma sind jetzt zahlreiche Vakuolen vorhanden. Von den vier Kernen sind die drei oberen, die bis zum 15. Entwicklungstage so gut wie immer anzutreffen waren, verschwunden. An ihrer Stelle befindet sich jetzt der Ausführungsapparat in Bildung (Abb. 31). Der letzte Kern liegt als Sinneszellenkern unter der Wimperflamme und zwischen zwei großen Drüsenzellkernen, die eine

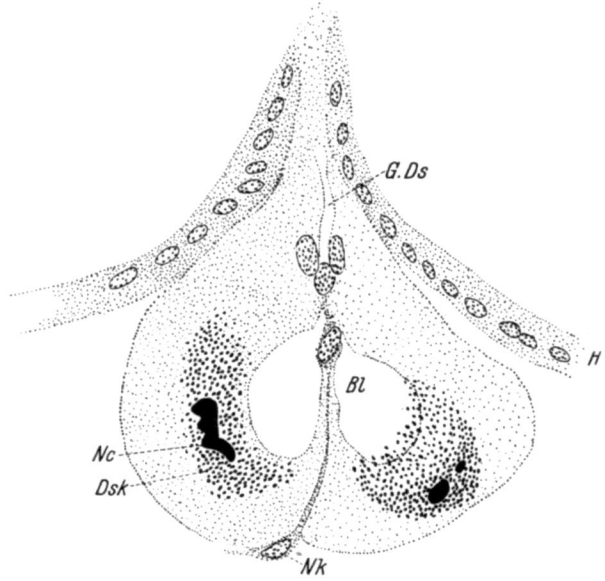

Abb. 30. Schnitt durch das Drüsensinnesorgan vom 8. Entwicklungstag mit 4 Kernen zwischen den Drüsenzellen. *Hds* Gang eines Drüsensinnesorgans, *Bl* Blase der Drüse, *Nk* Nervkern, *Nc* Nucleoli, *Dsk* Kern der Drüse, *Af* Ausführungsgang, *H* Hypodermis. Vergr. 600mal.

ovale Form und ein gleichmäßiges Chromatingerüst aufweisen. In den Kernen sind die Nucleoli schwer erkennbar. Die Zellblase, die vor der Vakuolisierung des Drüsenzellplasmas vorhanden war, existiert nicht mehr. Das Sekret sammelt sich nun in den Vakuolen an. Wir sehen sehr oft in diesem Stadium, daß die ganze Drüsenzelle mit grün gefärbtem Sekret ausgefüllt ist (Abb. 32a). Dieses Sekret wird unmittelbar vor oder während der Häutung zum Adultus in den Exuvialraum entleert.

Die Anzahl der Vakuolen verringert sich nun immer mehr, die einzelnen kleineren Vakuolen fließen zu größeren zusammen, schließlich findet sich in jeder Drüsenzelle bei der Häutung nur ein einziger Hohlraum (Abb. 32b). Zwischen den beiden entleerten Drüsenzellen liegt die Sinneszelle und schließt sich wieder an den neu ausgebildeten Endapparat der Drüsensinnesorgane an.

über die Entwicklung des Zeckenadultus in der Nymphe. 561

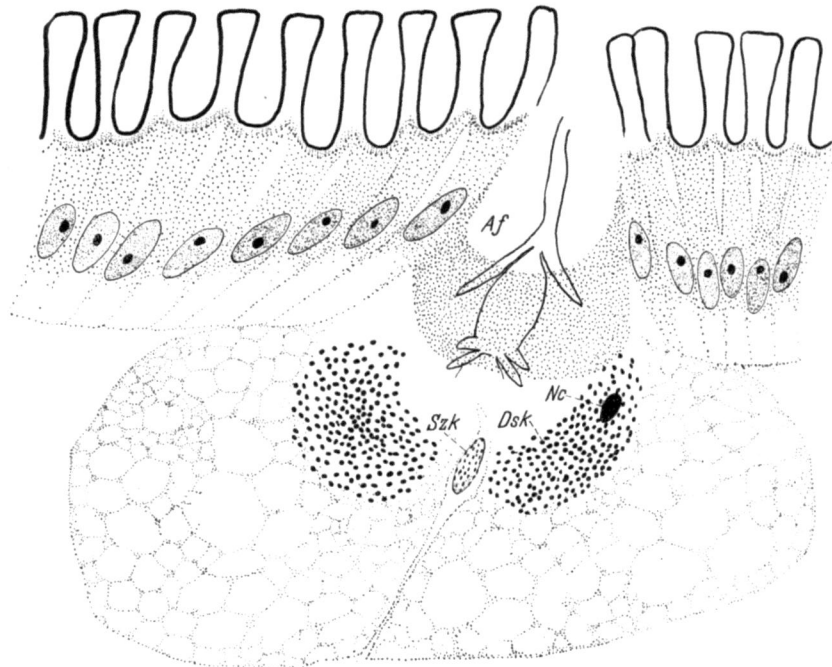

Abb. 31. Entwicklung des Drüsensinnnesorgans und des in Bildung befindlichen Ausführungsapparates. Entwicklungstag 20. Vergr. 1200mal. *Af* Ausführungsgang, *Szk* Kern der Sinneszelle, *Dsk* Kern der Drüsenzelle, *Nc* Nucleoli.

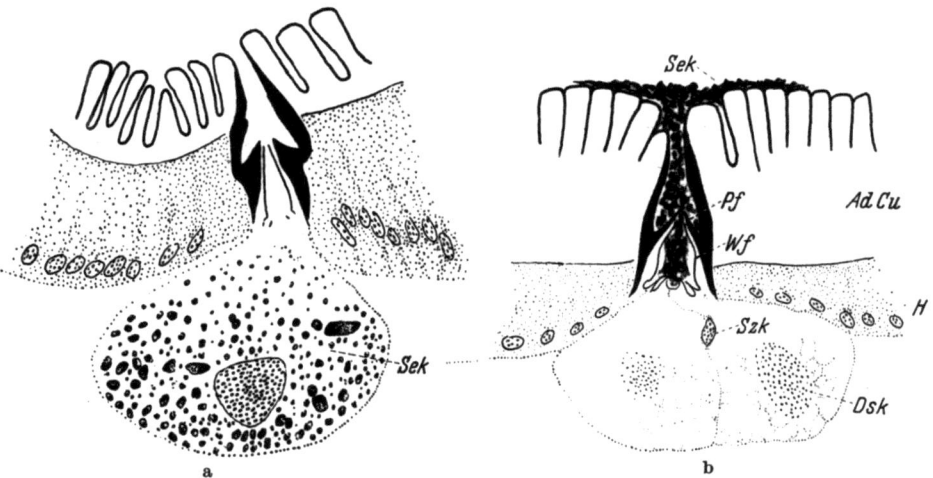

Abb. 32. Die Drüsenzelle bei der Häutung; a sie ist ganz mit Sekret erfüllt, Entwicklungstag; 22. b nach der Entleerung dieses Sekrets in den Exuvialraum ist die Drüse ein einziger Hohlraum. Entwicklungstag: 22. Vergr. 600mal. *Sek* Sekret, *Adcu* Adultuscuticula, *Pf* Pfeilförmiger Ausführgang, *Wf* „Wimperflamme", *Szk* Kern der Sinneszelle, *Dsk* Kern der Drüsenzelle.

Die Veränderungen der Drüsen während der Häutung sind beendet und wir haben wieder das Bild der Organe, wie wir es bei der Nymphe vor der Weiterentwicklung hatten.

Nach der Häutung sezernieren nun die Drüsenzellen des Adultus und bilden das Sekret, welches wir im Ausführgang und auf der Cuticula mit Carbolthionin wieder dunkelblau gefärbt finden (Abb. 32 b, *Sek*).

Wir kommen daher zu dem Schluß, daß die Drüsen zweierlei Aufgaben haben:

1. Sie geben ein Sekret ab, das die Haut und den Sinnesapparat vor Austrocknung schützt.
2. Sie entleeren als Häutungsdrüsen ein von diesem abweichendes Sekret in den Exuvialraum.

Die erstere Aufgabe der Drüsenzelle ist auch FALKE (1931, S. 571, Abb. 1) und P. SCHULZE (1937, S. 471) aufgefallen. Nach dem von FALKE aufgenommenen Bild eines Weibchens von *Ixodes ricinus* bei der Eiablage ist das ganze Alloscutum mit zahlreichen Flüssigkeitströpfchen besetzt, die von den Drüsensinnesorganen ausgeschieden werden.

Abb. 33. Die Sinnesansätze der Medianfurchenmuskeln auf der ventralen Körpercuticula der Nymphe.

V. Das Verhalten der dorso-ventralen Körpermuskulatur zu den Sehnen.

A. Die dorso-ventralen Muskeln durchziehen den Körper zwischen

a) den dorsalen und ventralen Furchen der Cuticula (Median-, Paramedianfurchen) und zwischen:

b) den dorsalen Furchen und dem After, dem Stigma, der Genitalöffnung (beim Adultus) (s. RUSER, S. 210).

Sie sind regelmäßig paarig und durch eine schwankenden Sehnenzahl (4—7) mit der Cuticula verbunden (Abb. 33).

B. Sehnenansätze.

Jeder Sehnenansatz ist durch Vereinigung von Sehnenfibrillen zu einem Sehnenbündel entstanden und läßt sich verfolgen von seinem Ausgang bis zu seinem Insertionspunkt am Tektostracum der Cuticula. In der Hypodermis sind die Sehnenbündel durch Hypodermiszellen voneinander getrennt. Wo ein Sehnenbündel die Hypodermis durchsetzt, fehlt eine Zelle. Jedem Sehnenbündel kommt ein an dessen Basis liegender Kern zu. An der Abgangsstelle der Sehnenbündel hört die Querstreifung der Muskelfasern auf. Seiner ganzen Länge nach ist das Muskelbündel gleich breit, an der Anfangsstelle der Sehnenbündel wird das Gebilde beträchtlich schmäler, so daß dadurch noch ein weiteres Merkmal für die Erkennung der Grenze zwischen Muskel- und Sehnenbündel gegeben ist.

Die Chitinisierung der die Cuticula durchziehenden Sehnenbündelabschnitte geht aus ihrer typischen Färbung mit Carbolthionin hervor. Sie färben sich grün in derselben Farbintensität wie das Ektostracum.

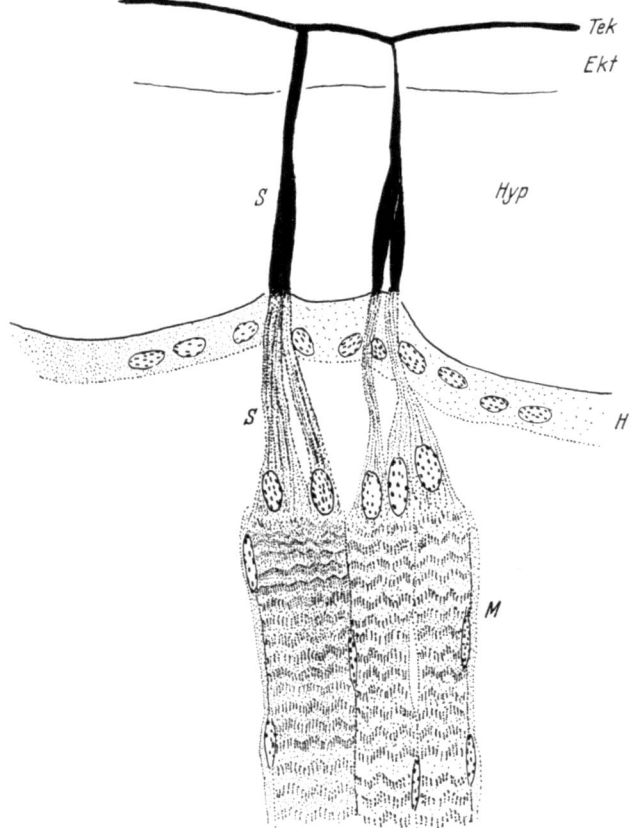

Abb. 34. Die dorso-ventrale Muskulatur und Insertion ihrer Sehnen an der Cuticula der Nymphe. Entwicklungstag: 1. Vergr. 600mal. *Tek* Tektostracum, *Ekt* Ektostracum, *Hyp* Hypostracum, *S* Sehne, *M* dorso-ventrale Muskulatur.

Die außerhalb der Cuticula gebliebenen Sehnenbündelteile sind rosa gefärbt. Dieser Teil ist plasmatisch und wird natürlich nicht mitgehäutet. Während der in der Hypodermis und unter ihr liegende Abschnitt der Sehnenbündel eine faserige Struktur zeigt, ist bei dem in der Cuticula liegenden Sehnenbündelteil eine derartige Struktur nicht zu erkennen. An den Stellen, wo die Sehnen die Cuticula durchsetzen, macht sich an ihr eine Einsenkung bemerkbar. Die von der dorsalen zur ventralen

Furche ziehenden Muskeln sind mit gleich kurzen Sehnen an der Cuticula befestigt (Abb. 34).

C. *Die Veränderungen der dorso-ventralen Muskulatur der erwachsenen Nymphe bei der Entwicklung zum Adultus.*

Bis zum 15. Entwicklungstag bleibt die Verbindung der Muskulatur mit der Cuticula bestehen (Abb. 9), dann brechen die Sehnenbündel an der Grenze zwischen der Hypodermis und der Cuticula ab. Damit ist die Exuvialraumbildung vollendet, da die Sehnen in diesem Stadium die letzten Verbindungsstellen der Hypodermis mit der Cuticula darstellten. Sowie sich die Sehnen loslösen, wird die Hypodermis infolge der starken Kontraktion der Muskelbündel an den den Körperfurchen entsprechenden Stellen sehr stark in den Körper eingezogen. So entstehen tiefe Hypodermiseinsenkungen, die bis zur Körpermitte reichen können (Abb. 37, *He*). Diese Einsenkungen variieren sehr, es kommt vor, daß ein Ende des Muskelbündels mit einer tiefen Hypodermiseinsenkung in Verbindung steht, während das andere an einer geringfügigen Einsenkung ansetzt. Im ganzen ist aber die Anordnung so, daß alle tiefen bzw. wenig tiefen Einsenkungen nicht gleichzeitig dorsal oder ventral liegen. Während z. B. dem dorsalen Ende des Medianmuskelbündels eine wenig tiefe und den dorsalen Enden der beiden Paramedianmuskelbündel tiefe Hypodermiseinsenkungen entsprechen, entsprechen dem ventralen Medianmuskelende tiefe und den ventralen Paramedianmuskeln wenig tiefe Hypodermiseinsenkungen.

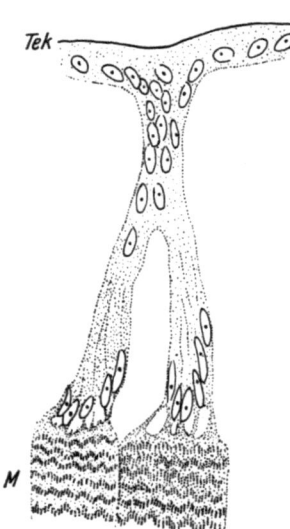

Abb. 35. Ausgleichung der Hypodermiseinsenkung. Entwicklungstag: 18. Vergr. 150mal. *M* dorso-ventrale Muskulatur.

Die histologischen Verhältnisse der eingesunkenen Hypodermis sind am 15. Entwicklungstag noch wenig verändert. Nur sind die Kerne dieser Teile mehr in die Länge gezogen, während die Kerne der Hypodermis vor der Einsenkung rundlich oval waren. Die Muskelbündel sind paarig mit der Hypodermiseinsenkung durch die Sehnenanlage verbunden, distal von ihnen liegen die ursprünglich den Sehnenbündelkernen der Nymphe entsprechenden Kerne, hinter ihnen stehen mehrere Stelzen.

Etwa vom 18. bzw. 20. Entwicklungstage an beginnt die Umformung der Hypodermiseinsenkung. Zunächst verschmilzt das Plasma der beiden Wände der eingesunkenen Hypodermis, dann wird die Einsenkung wieder ausgeglichen (Abb. 35). Das Plasma, das hinter den zurückgewanderten

Kernen und vor dem Muskelbündel liegt, fängt an, faserig zu werden, offenbar die Vorbereitung für die Sehnenbildung.

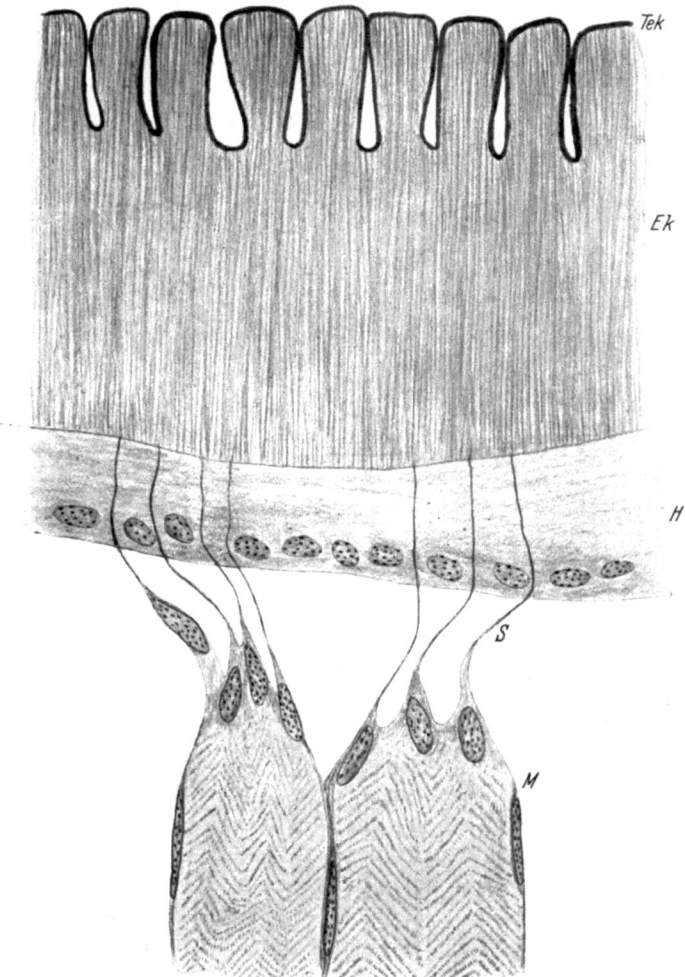

Abb. 36. Die paarigen Muskelbündel (*M*) nach der Ausgleichung der Hypodermiseinsenkung der dorso-ventralen Furche und bis auf das Hypostracum gebildetes weiches Chitin des Adultus. Entwicklungstag: 24. Vergr. 1000mal. *Tek* Tektostracum, *Ekt* Ektostracum, *H* Hypodermis, *S* Sehnen.

Bis zum 22. Tag ist die Zurückbildung der Einsenkung völlig beendet (Abb. 36). Die Fertigstellung der Sehnen scheint kurz vor der Häutung zum Adultus abgeschlossen zu sein. In diesem Stadium haben sie ihre endgültige Faserstruktur und ihren Glanz erhalten. Die Muskelbündel sind bis dicht an die Hypodermis herangezogen worden. Die Verfolgung der Sehnen ist in der Cuticula des neugebildeten Adultus nicht so leicht

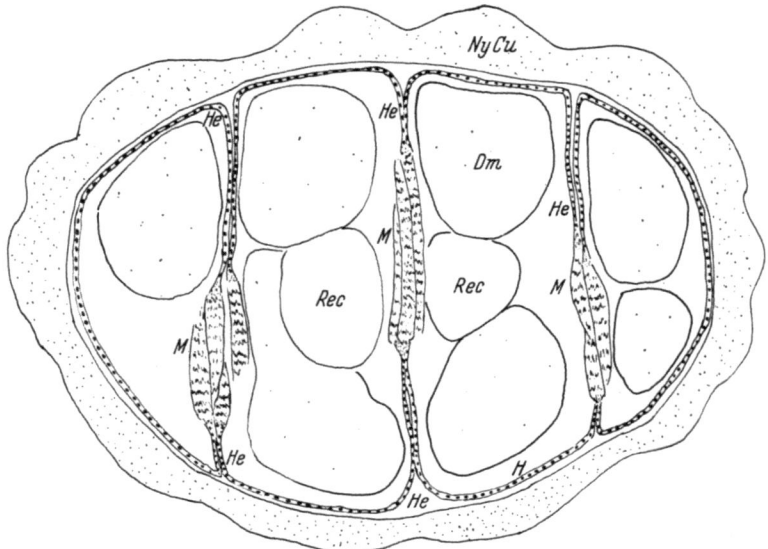

Abb. 37. Querschnitt durch die Nymphe vom 15. Entwicklungstag. *He* Hypodermiseinsenkung, *M* dorso-ventrale Muskelbündel, *Rec* Rectalblase, *Nycu* Nymphencuticula, *Dm* Darm.

möglich wie bei der Nymphe, weil sie in der Hypodermis und der Cuticula sehr fein sind. Sie verschwinden in den senkrechten Strukturen des Ektostracums.

VI. Der Geschlechtsapparat.

Während für *Ixodes* Beschreibungen des Genitalapparats von verschiedenen Autoren gegeben worden sind, fehlt eine ausreichende Kenntnis der Verhältnisse bei den Metastriaten. Es sollen daher hier die weiblichen und männlichen Genitalorgane der frisch geschlüpften Adulti von *Hyalomma* geschildert und ihre Entwicklung dargestellt werden.

Bevor ich zur Besprechung der Genitalorgane komme, will ich zu besserem Verständnis des folgenden kurz auf die Begattung bei den Zecken eingehen:

Bei der Begattung der Zecken tritt aus der männlichen Genitalöffnung eine dickwandige, flaschenförmige Spermatophore, die mit ihrem Halsteil an der Genitalöffnung des Weibchens durch ein Sekret befestigt und wohl gleichzeitig geöffnet wird (Abbildungen von solchen Spermatophoren s. P. SCHULZE 1933, S. 489). Der Inhalt der Spermatophore besteht aus noch unreifen Spermien (Prospermien, OPPERMANN 1935, vgl. besonders auch SUZET und MILLOT 1937). Nach ihrer Entleerung in die Vagina tritt bald Luft in die leere Kapsel und sie springt ab. Die Prospermien gelangen aus der Vagina ballenweise in das Receptaculum seminis. Die Prospermienballen sind mit einer Hülle versehen, deren Beschaffenheit von der der Spermatophorenwand abweicht (RUSER 1933, S. 223). Lange Zeit können sie so im Receptaculum verharren. Erst wenn das Weibchen Blut gesogen hat und die Eier zur Eiablage heranreifen, findet die Umwandlung der Prospermien zu funktionsfähigen Spermien statt (SAMSON 1909). Dann verlassen die mit einer Geißel versehenen reifen Spermien das Receptaculum und wandern bis in den Uterus bzw. den Oviduct, um dort die zur Befruchtung bereiten Eier aufzusuchen. Nach der Befruchtung gelangen die Eier vom Uterus aus in die Vagina. Die Vagina wird teilweise vorgestülpt und an ihrer Spitze erscheint ein Ei, das von der über die bauchseits abgebogenen Mundwerkzeuge gelegenen, an der Grenze zwischen Scutum und Capitulum herausgestülpten Scutalblase (GÉNÉsches Organ) (P. SCHULZE 1923, S. 21, 18 und 1938, S. 143) mit deren „Fingern" aufgenommen und etwa 2 Min. herumgedreht wird. Während dieser Zeit wird die Vagina wieder zurückgezogen. Nun kehrt auch das GÉNÉsche Organ in seine Ruhelage zurück und nimmt das mit Sekret überzogene Ei auf die dorsale Seite der Zecke mit. Dieser Vorgang wiederholt sich, bis alle Eier abgelegt sind.

A. Die weiblichen Genitalorgane des frischen Adultus von Hyalomma weichen beträchtlich von denen der bisher von verschiedenen Autoren beschriebenen Verhältnisse bei *Ixodes*-Arten ab. Ich sehe mich daher veranlaßt, eine etwas andere Einteilung dieser Organe für weibliche Hyalommen durchzuführen. Die zwischen der dorso-ventralen Muskulatur der Genitalfurche (*Mg* in Abb. 39) gelegenen weiblichen Genitalorgane bestehen aus folgenden Abschnitten (Abb. 38): 1. den Ovarien, 2. den Ovidukten, 3. dem Uterus, 4. dem Verbindungsrohr zwischen Ventilklappen und Uterus, 5. dem Receptaculum seminis, 6. der Ventilklappe, 7. den Anhangsdrüsen, 8. der Vagina, 9. der Vulva.

Ovarien. Die beiden Ovarien sind hinten miteinander verschmolzen und bilden mit den Eileitern und dem Uterus einen geschlossenen Ring (Abb. 39, *o*). Das Querstück der vereinigten Keimdrüsen läßt eine Wölbung nach der Rückenseite hin erkennen (Abb. 38). Unter dieser Wölbung liegt die Rectalblase. Die paarigen Teile des Ovariums ziehen nach vorn, bis sie etwa die Höhe des Receptaculums erreicht haben, dann biegen sie kaudalwärts um, vom Ende dieses Abschnitts nehmen dann die wieder nach vorn ziehenden Ovidukte ihren Ursprung. Die kaudalen Abschnitte der dorso-ventralen Genitalfurchenmuskulatur liegen zwischen den rückwärts gebogenen Ovarienabschnitten und den Ovidukten (Abb. 39). Das Ovarium der neu ausgeschlüpften Zecke enthält lediglich Oogonien und ist von einer Basalmembran umgeben (*o* in Abb. 40a).

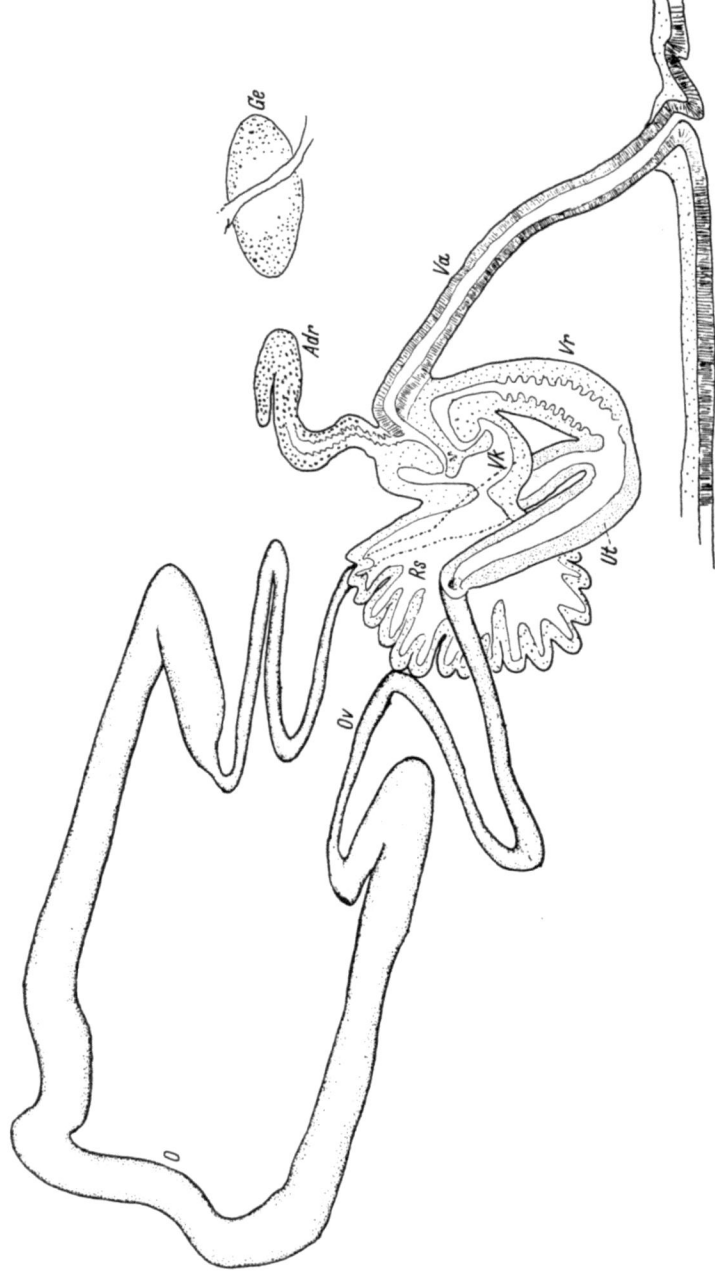

Abb. 38. Das weibliche Geschlechtsorgan von der Seite gesehen. Vergr. 66mal. *o* Ovarium, *ov* Ovidukt, *ut* Uterus, *Vr* Verbindungsrohr, *Rs* Receptaculum seminis, *Vk* Ventilklappen, *V* Ventil, *Adr* Anhängsdrüse, *Va* Vagina, *G* Gehirn.

Ovidukte. Die Ovidukte stellen ein Paar langer, dünner, dreifach gebogener Schläuche dar, die das Ovarium mit dem Uterus verbinden. Sie verlaufen dicht neben der Innenseite der dorso-ventralen Genitalmuskelreihen und stoßen etwa in der Höhe der Receptaculummitte mit dem geräumigen Uterus zusammen (*ov* in Abb. 38, 39). Im Querschnitt tritt uns der Ovidukt als der eines ovalen Rohres entgegen, das von einer Basalmembran umhüllt ist (*o* in Abb. 40a). Die Kerne des Oviduktepithels stehen schräg bis senkrecht zur Oberfläche und liegen in der Nähe der Zellbasis. Dagegen liegen die Kerne der Basalmembran parallel zur Oberfläche und sind schmäler. In der Mitte liegt ein sehr kleines Lumen, das dem Kanal des Oviduktes angehört.

Uterus. Durch Verdickung der Eileiter entstehen zwei Uteruszweige, die von ihrer Abgangsstelle vom Eileiter an schräg rostroventral ziehen; sie nehmen das Receptaculum zwischen sich. Nach-

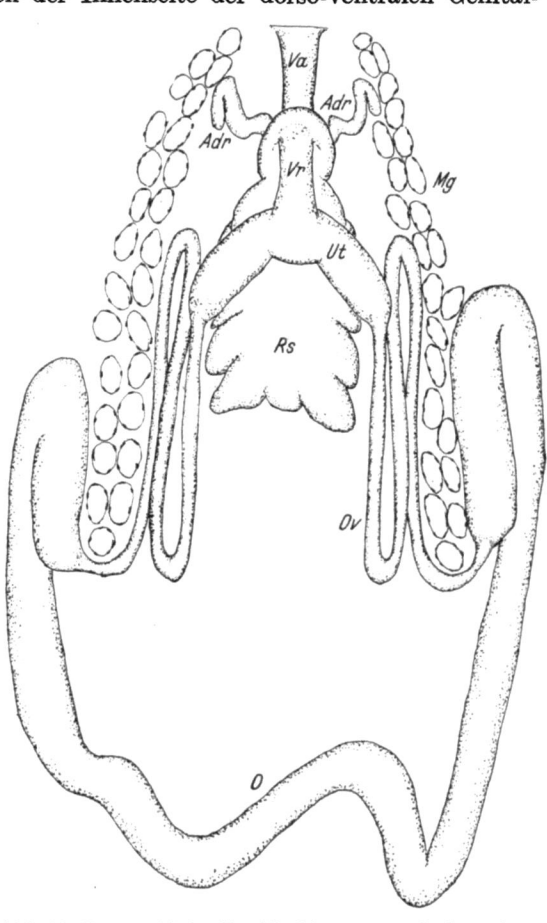

Abb. 39. Das weibliche Geschlechtsorgan ventral gesehen. *Mg* dorso-ventrale Muskulatur der Genitalfurche. Vergr. 66mal. *o* Ovarium, *ov* Ovidukt, *ut* Uterus, *vr* Verbindungsrohr, *rs* Receptaculum seminis, *Va* Vagina, *Adr* Anhangsdrüse.

dem sie sich unter der Ventilklappe vereinigt haben, mündet der Uterus rostral in das Verbindungsrohr zur Ventilklappe (*ut* in Abb. 38, 39). Das Aufhören der Chitinauskleidung des Verbindungsrohres stellt die Grenze zwischen ihm und dem Uterus dar (Abb. 41).

Der Uterus ist histologisch genau so gebaut wie der Ovidukt und von einer dünnen Basalmembran umgeben, nur ist er sehr dick im Vergleich mit der Dicke des Ovidukts (Abb. 40b).

Das Verbindungsrohr zwischen Uterus und Ventilklappe stellt den wesentlichen Unterschied der weiblichen Geschlechtsorgane von *Ixodes ricinus* und *Hyalomma anatolicum* dar, indem es von der ventralen Seite kommend in die Ventilklappe mündet (*Vr* in Abb. 38, 41), während es bei *Ixodes* kaudal in das Receptaculum eintritt. Es macht eine halbmondförmige Einbuchtung nach der Rostrumseite hin. Das das Verbindungsrohr auskleidende Chitin besteht aus dem glatt verlaufenden und den Hypodermisfalten folgenden Gelenkchitin (Abb. 41). Die die Ovarien, die Ovidukte und den Uterus überziehende Basalmembran verlängert sich über das Verbindungsrohr und umgibt es ebenfalls. Das Verbindungsrohr hat eine Breite, die etwa der des Uterus entspricht.

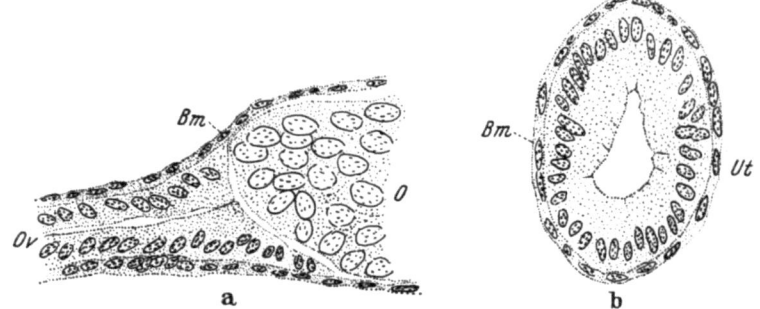

Abb. 40. Schnitte a durch Ovarium und Ovidukt; b Uterus. *o* Ovarium, *ov* Ovidukt, *ut* Uterus, *Bm* Basalmembran. Vergr. 600mal.

Receptaculum seminis (*Rs* in Abb. 38, 41). Das kaudal von der Ventilklappe gelegene und mit ihr durch einen Kanal verbundene Receptaculum bildet einen Blindsack, der besonders an der hinteren Wand sehr stark gefaltet ist, um die Ausdehnungsfähigkeit des Sackes zu erhöhen. Seine vordere Wand verhält sich genau so wie die nicht mit glattgeschichtetem Chitin ausgekleideten Teile der Ventilklappenwand. Ein wesentlicher histologischer Unterschied besteht aber zwischen der Hypodermis der gefalteten Hinterwand des Receptaculums und der des gefalteten Teils der Ventilklappenwand, indem die Hypodermis hier die Faltung mitmacht, während dort die Hypodermis geradlinig verläuft.

Die Form des Receptaculums scheint bei den Zeckenarten verschieden zu sein. Bei den von SAMSON und RUSER abgebildeten weiblichen Genitalorganen ist das Receptaculum nicht sackartig, sondern es öffnet sich kaudal durch ein Verbindungsrohr in den Uterus. Dagegen kann man bei den von S. R. CHRISTOPHERS (1906, Abb. 11, 13) dargestellten weiblichen Genitalorganen von *Rhipicephalus*, trotz der unvollständigen Einzelheiten der Beschreibung, eine gewisse Ähnlichkeit mit dem weiblichen Organ von *Hyalomma* feststellen, indem das Receptaculum wie bei dieser Gattung einen Blindsack darstellt und der Uterus von der Bauchseite kommend in der Nähe der Vagina einmündet. Er nannte diesen Blindsack Spermatheka und fand in ihm mehrere Prospermienballen, die er irrtümlicherweise für Spermatophoren hält. Derselbe Irrtum wird auch von SAMSON begangen (1909, 8, S. 499). Wie wir oben bei der

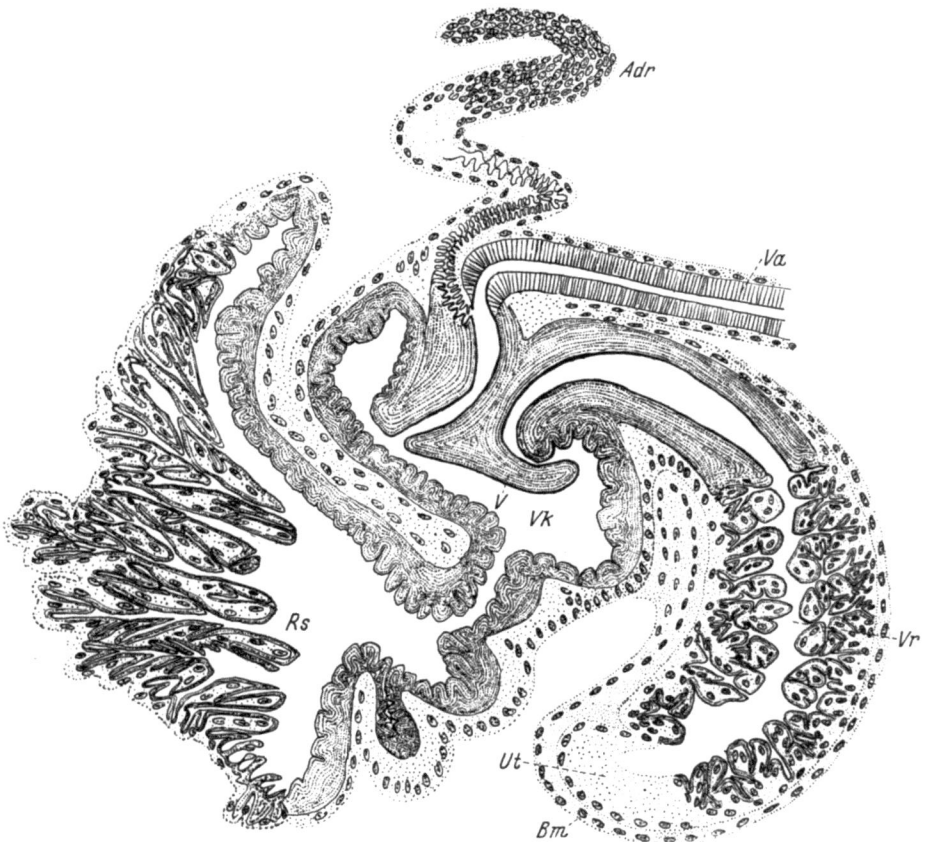

Abb. 41. Sagittalschnitt durch die mit Chitin ausgekleidetzn weiblichen Geschlechtsorgane. Vergr. 73mal. *Bm* Basalmembran, *Ut* Uterus, *Vr* Verbindungsrohr, *Vk* Ventilklappe, *V* Ventil, *Rs* Receptaculum seminis, *Va* Vagina, *Adr* Anhangsdrüsen.

Besprechung der Befruchtungsgeschichte gesehen haben, fällt die Spermatophore nach der Entleerung ihres Inhaltes ab. Eine entleerte und mit Luft gefüllte Spermatophore fand ich auch auf der Vulva des Weibchens von *Hyalomma aegyptium* L. (aus Bursa). Im Receptaculum handelt es sich, wie gesagt, nicht um Spermatophoren, sondern um Prospermien, die zusammengeballt und von einer Membran umhüllt sind.

Ventilklappe (*VK* in Abb. 38, 41). Nach der eigenartigen Ausbildung dieses Abschnittes, der bei den bis jetzt untersuchten Zeckenarten nicht beobachtet worden ist, halte ich es für zweckmäßig, ihn als einen von Receptaculum und Vagina gesonderten Teil anzuführen. Er stellt einen Vereinigungsplatz aller Gänge dar, die aus dem Uterus, dem Receptaculum, den Anhangsdrüsen und schließlich aus der Vagina kommen. Letztere besitzt ein stiefelförmiges Ventil, das sich zwischen zwei Chitinlippen befindet (V in Abb. 41). Nach seiner Lage wird es imstande sein, entweder den Zugang zum Verbindungsrohr nach dem Uterus hin oder den Ausgang nach der Vagina hin zu schließen. Durch die erste Möglichkeit wird wahrscheinlich den Prospermienballen der vorzeitige Eintritt in den Uterus verwehrt, während die zweite wohl bei der Eiablage verwirklicht wird.

Es ist bekannt, daß die Vagina sich bei jeder Eiablage hervorschiebt. Dadurch wird ein Zug auf das mit dem ventralen Vaginaende verbundene Ventil ausgeübt. Das Ventil wird aufwärts gehoben und schließt den Eingang in die Vagina. Es kann daher nicht eher ein neues Ei in die Vagina eintreten, bis sie in ihre Ruhelage zurückgekehrt ist. Der Imprägnierungsvorgang kann also ohne Störung ablaufen.

Der „Stiefel" zeigt die Schichtung und Färbbarkeit des Gelenkchitins, die gleiche Beschaffenheit zeigen die dem Schaft zugekehrten Seiten der zwei Lappen, während die Cuticula der restlichen Teile der Ventilklappe Falten bildet, ohne daß dabei die Hypodermis die Faltung mitmacht (Abb. 41).

Die Genitalanhangsdrüsen (*Adr* in Abb. 38, 39, 41) stellen zwei etwa M-förmig gebogene Drüsen dar, die dorsal links und rechts kurz nach der Einmündung der Vagina in die Ventilklappe eintreten. Das Lumen dieser Drüse ist vor ihrer Mündung bis zur zweiten Biegung von einer dünnen, wenig gefalteten Chitinschicht ausgekleidet, die nichts anderes ist als das bis in die Drüse verlängerte Tektostracum der Bauchcuticula. Sie hat sich typisch wie das Tektostracum der Bauchcuticula und der Vagina intensiv grün gefärbt.

Eine Differenzierung der Drüsenzellen ist noch nicht wahrzunehmen. Ihre Kerne mit gleichmäßig verteilten Chromatinkörperchen unterscheiden sich nicht von den Kernen der Hypodermis. Über die Aufgabe dieser Drüse wissen wir bisher nichts.

Die Vagina tritt uns als ein von der Genitalöffnung schräg aufwärts ziehendes Rohr (*Va* in Abb. 38) entgegen und stellt die Verbindung der eigentlichen Genitalorgane mit der Außenwelt her. Kurz vor der Mündung der Anhangsdrüsen mündet sie in die Ventilklappe ein (Abb. 41). Das gefaltete Chitin der Bauchcuticula dringt auch in die Vagina ein und stellt ihre Chitinauskleidung dar, die demnach aus schwach entwickeltem Ektostracum und dem Tektostracum des weichen Chitins besteht. Sie ist genau so stark wie die Bauchcuticula gefaltet, so daß eine Streckung der Vagina möglich ist. Die Hypodermiszellen der Vagina verhalten sich wie die der Cuticula.

Über die Entwicklung des Zeckenadultus in der Nymphe. 573

Die Vulva liegt an der Bauchseite etwa zwischen den Coxen des zweiten Beinpaares. Sie ist rostral von der Oberlippe (Apron) und kaudal von der „Unterlippe" umgeben. Die durch Einfaltung von der Bauchcuticula her gebildete Oberlippe springt etwas gegen die Unterlippe vor. Die wenig ansehnliche Unterlippe stellt nur einen etwas vorspringenden Teil der Bauchhaut dar. Im Gegensatz zur männlichen Genitalöffnung bestehen die Teile der weiblichen nur aus weichem Chitin. Da beim

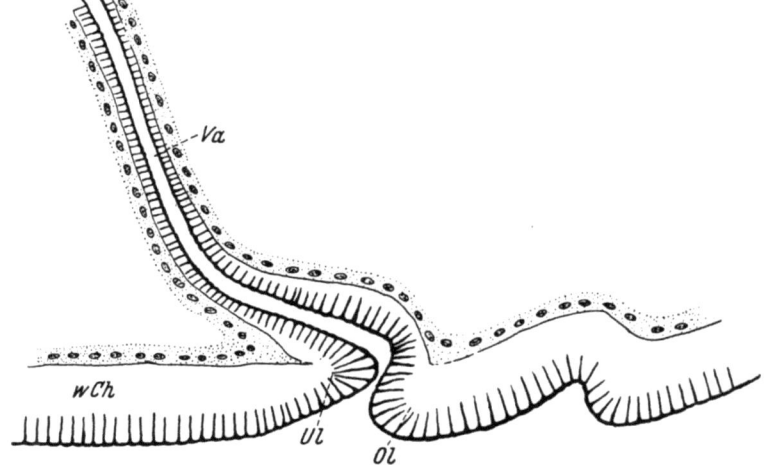

Abb. 42. Sagittalschnitt durch die Vulva. Vergr. 150mal. *Va* Vagina, *Wch* weiches Chitin, *Ul* Unterlippe der weiblichen Genitalöffnung, *Ol* Oberlippe der weiblichen Genitalöffnung.

frischen Adultus das Hypostracum der Cuticula noch nicht ausgebildet ist, setzt sich das Chitin der Genitalöffnung nur aus Tektostracum und Ektostracum zusammen (Abb. 42).

B. Die Entwicklung der weiblichen Genitalorgananlage.

Da bei Uterus, Ovidukten und Ovarien von der frisch ausgeschlüpften Nymphe bis zum jungen Adultus keine Weiterentwicklung stattfindet, und wir von ihnen schon bei den Genitalorganen des frischen Adultus erwähnt haben, will ich in diesem Abschnitt die anderen Genitalanlagen außer den obengenannten besprechen. Ihre Anlage besteht aus einer dorso-kaudalen Einsenkung der ventralen Hypodermis in den Körper, die sich hinten in zwei kaudalwärts gerichtete und übereinander gelegene Lappen anspaltet (Abb. 43). Während der unverzweigte Teil der Einsenkung zur Vagina wird, bildet sich der dorsale Lappen zum Receptaculum und der ventrale zum Verbindungsrohr um. Dieses legt sich mit seinem blinden Ende in die Uterusanlage hinein, ohne daß aber ein Durchbruch zum Uterus hin erfolgt. Eine Anlage der Ventilklappe ist auf diesem Stadium noch nicht zu erkennen. Dorsal münden die dorso-ventral verlaufenden Anhangsdrüsen in die Einsenkung kurz vor Beginn des Receptaculumlumens ein.

Bis zum 15. Entwicklungstag bleibt die geschilderte Anlage unverändert. Dann setzt die Weiterentwicklung ein. Dorsaler und ventraler Lappen vergrößern sich kaudalwärts und beim dorsalen beginnt die Herausdifferenzierung der Ventilklappe; sie wächst wie eine Zunge in den Hohlraum hinein. An der Ausmündungsöffnung der Vagina ist die Vulvabildung schon angedeutet (Abb. 44).

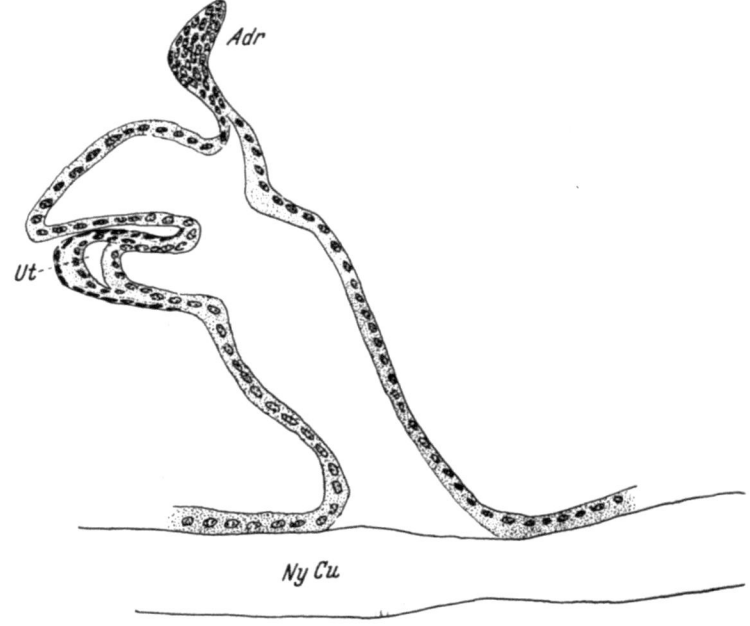

Abb. 43. Die Anlage der weiblichen Geschlechtsorgane. Entwicklungstag: 10. Vergr. 150mal.

Die Chitinauskleidung an den weiblichen Genitalorganen besteht, wie wir oben gesehen haben, entweder aus einer Cuticula, wie wir sie auf der Bauchhaut fanden (Vagina, Kanal der Anhangsdrüsen) oder aus Gelenkchitin.

Die gelenkchitinartige Auskleidung tritt in drei Typen auf:

1. Ungefaltetes Gelenkchitin („Stiefel" und die ihm zugekehrten Seiten der beiden Lappen, Abb. 41).

2. Gefaltetes Gelenkchitin, dessen Hypodermis die Faltung nicht mitmacht (hintere Wand der Ventilklappe und vordere Wand des Receptaculums).

3. Gefaltetes Gelenkchitin, dessen Hypodermis die Faltung mitmacht (hintere Wand des Receptaculums und Verbindungsrohr).

über die Entwicklung des Zeckenadultus in der Nymphe.

Die Entwicklung des weichen Bauchchitins und des Gelenkchitins haben wir bei der allgemeinen Körperbedeckung besprochen. Da die

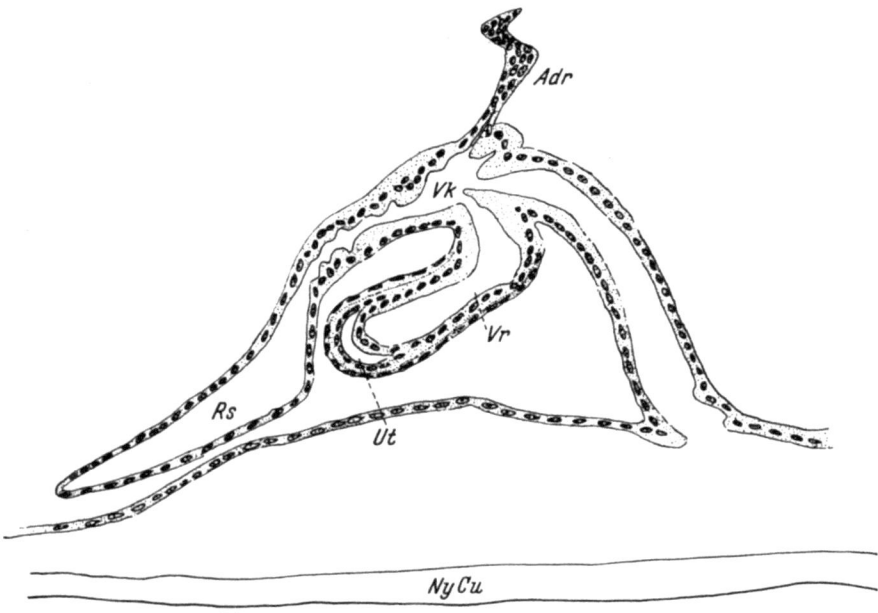

Abb. 44. Die Entwicklung der weiblichen Genitalorgane. Entwicklungstag: 15. Vergr. 150mal. *Ut* Uterus, *Adr* Anhangsdrüse, *Nycu* Nymphencuticula, *Vk* Ventilklappe, *Vr* Verbindungsrohr, *Ut* Uterus, *Rs* Receptaculum seminis.

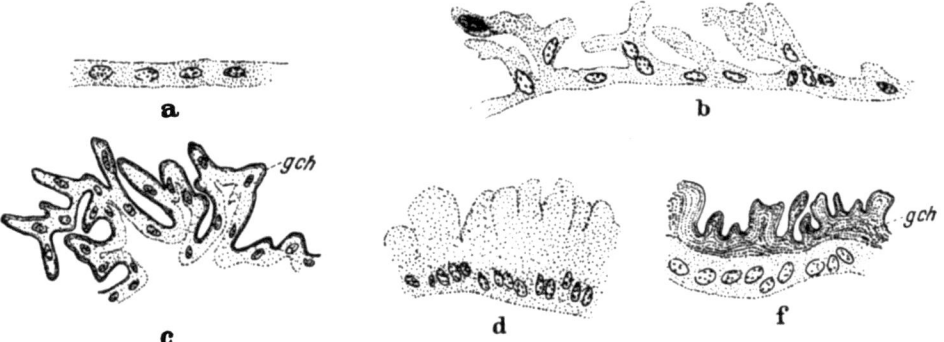

Abb. 45. Die Bildung der Chitinauskleidung der weiblichen Geschlechtsorgane. a Hypodermis vor der Bildung des Chitins; b und c bei der Bildung des gefalteten Chitins, dessen Faltung von Hypodermis begleitet; d und f bei der Bildung des gefalteten Chitins, dessen Faltung von der Hypodermis nicht begleitet. Vergr. 600mal. *Gch* Gelenkchitin.

Ausbildung des Gelenkchitins vom 2. und 3. Typus davon wesentlich verschieden ist, muß ich noch auf ihre Entstehung eingehen.

In der Anlage der weiblichen Genitalorgane finden wir überall die gewöhnliche Hypodermis (Abb. 45a). Vom 15. Entwicklungstag an beginnen auch hier wie an anderen Körperstellen die Veränderungen in ihr. Das Protoplasma der Zellen, die den 2. Typ des Gelenkchitins bilden, nimmt an Mächtigkeit sehr stark zu, wobei an der Oberfläche der Epidermis unregelmäßige lappenartige Fortsätze auftreten. Die Kerne stellen sich, der Wachstumsrichtung des Plasmas folgend, dabei in die Längsrichtung der Zelle ein (Abb. 45d).

Vom 18. Entwicklungstag an chitinisieren die Zacken unter Bildung von Schichten, die zunächst parallel zur Oberfläche verlaufen. Die untersten Lagen verlaufen dagegen ziemlich horizontal (Abb. 45f). Nach der Chitinbildung geht die Zellage mitsamt den Kernen in die Ausgangsbeschaffenheit zurück.

Bei der Bildung des Gelenkchitins vom 3. Typus wachsen vom 15. Entwicklungstag an aus der Oberfläche der Hypodermis schmale Lappen hervor, die sich sekundär weiter verzweigen können. Die Hypodermiskerne wandern in die Lappen hinein (Abb. 45b). Wenn die Lappenbildung stärker wird, beteiligt sich auch die Hypodermis daran, so daß nun die gesamte Zellage gefaltet erscheint. Auf ihr liegt dann das Chitin in Schichten, die in ihrem Verlauf dem Oberflächenrelief folgen (Abb. 45c).

C. Die männlichen Genitalorgane des frischen Adultus von Hyalomma bestehen aus folgenden Abschnitten: 1. ein Paar Hoden, 2. ein Paar Vasa deferentia, 3. einer Samenblase, 4. einer Anhangsdrüse, 5. dem Spermatophorengang, 6. der Genitalöffnung.

1. Hoden. Im Gegensatz zu den Argasiden sind die Hoden am kaudalen Ende hier nicht miteinander verschmolzen. In der Nähe der Rectalblase machen ihre beiden Kaudalenden eine Biegung nach innen und liegen über der Rectalblase. Sie ziehen nach vorn zwischen den seitlichen Darmästen und den Reihen der dorso-ventralen Genitalfurchenmuskulatur. Etwa dort, wo das vorderste Drittel der Muskelreihen beginnt, schließen sich an sie die Vasa deferentia an (Abb. 46), die ebenso wie das Ovar von einer Basalmembran umgeben sind.

Die Keimdrüse enthält auf diesem Stadium nur Spermatogonien.

2. und 3. Vasa deferentia und Samenblase. Die beiden Vasa deferentia stellen zunächst eine rostrale Fortsetzung der Hoden dar. Da, wo die Genitalfurchenmuskelreihen aufhören, biegen sie nach innen um und verlaufen nun kaudalwärts, bis sie etwa die Mitte der Anhangsdrüse erreicht haben. Sie ziehen dann wieder rostralwärts der Genitalöffnung zu. Vorher verschmelzen sie zu einer Samenblase, die vor der Anhangsdrüse dorsal in den Spermatophorengang mündet.

Die innerhalb der beiden Reihen der Genitalfurchenmuskeln liegenden Abschnitte der Vasa deferentia sind dicker als die außerhalb gelegenen und sind zusammen mit der Samenblase rings von der Anhangsdrüse umgeben (Abb. 46, 47). Die erweiterten Teile der Vasa deferentia

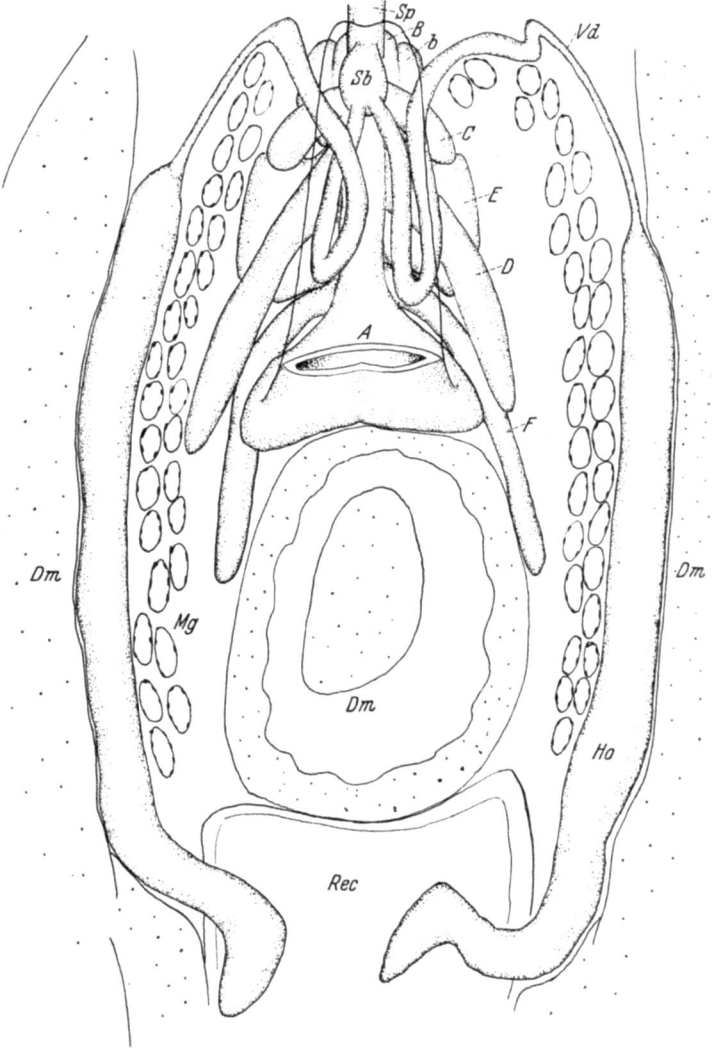

Abb. 46. Die männlichen Geschlechtsorgane, dorsal gesehen. Das ventrale Stück des mittleren Drüsenteiles (*A*) ist als abgeschnitten gedacht, um den genauen Verlauf der Vasa deferentia (*Vd*), der Samenblase (*Sb*) und der Verzweigungen der Anhangsdrüse zu zeigen. *Ho* Hoden, *Sp* Spermatophorengang, *Dm* Darm, *Rec* Rectalblase, *Mg* dorsoventrale Muskulatur der Genitalfurche. Vergr. 55mal.

und die Samenblase scheinen homolog dem Uterus zu sein, da der Uterus auch durch Verdickung der Eileiter entsteht und seine beiden Zweige

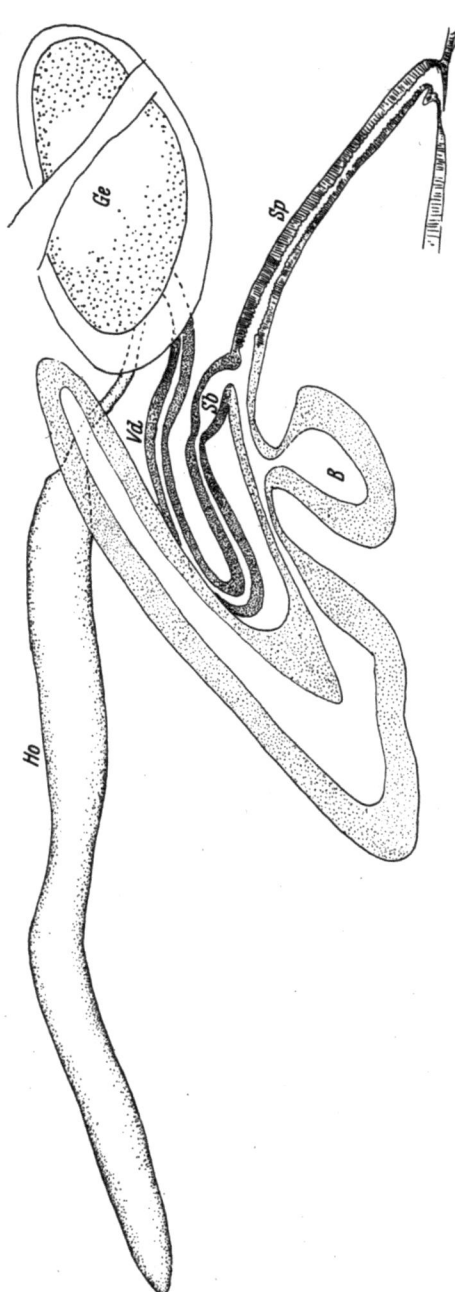

Abb. 47. Sagittalschnitt durch die mittlere Anhangsdrüse, Samenblase (Sb) und die ventrale Drüsenausstülpung (B); nur ein Zweig der paarigen Vasa deferentia (Vd) und der Hoden (Ho) dargestellt. Ge Gehirn, Sp Spermatophorengang. Vergr. 66mal.

vor der Einmündung in das zum ektodermalen Abschnitt gehörende Verbindungsrohr miteinander verschmelzen. Bemerkenswerterweise zeigt sich auch, daß die Samenblase am 22. Entwicklungstage noch nicht in den Spermatophorengang geöffnet ist, genau wie es beim Uterus der Fall war (Abb. 43, 44). Auch Vasa deferentia und Samenblase sind von einer Basalmembran umgeben.

4. *Die Anhangsdrüse* stellt den komplizierten Teil der männlichen Geschlechtsorgane dar. Im Gegensatz zu den Drüsen des Weibchens handelt es sich hier um eine einzige Drüse mit einem mittleren unpaaren Teil, um den sich ventral und seitwärts eine Reihe von Verzweigungen gruppiert. Nach Form und Zahl der Aussackungen weicht hier die Drüse von den entsprechenden Bildungen ab, die von L. E. ROBINSON und I. DAVIDSON für *Argas* und von RUSER für *Amblyomma* beschrieben wurden. Die von RUSER angegebene, die Anhangsdrüse umgebende Ringmuskellage konnte ich beim frisch ausgeschlüpften Adultus von *Hyalomma* nicht feststellen. Statt dessen ist sie von einer dünnen Basalmembran umhüllt, ebenso wie Samenblase, Vasa deferentia und Hoden. Ihre Zellen zeigen in diesem Stadium noch keine Differenzierungen. Sie

besitzen in allen Teilen gleichmäßige Kerne, die dicht beieinander stehen und dichtgedrängte Chromatinkörnchen, wie sie die Hypodermiskerne vor der Entwicklungsperiode aufweisen.

Der Verlauf der Drüse. Sie umfaßt folgende Teile (Abb. 46, 47):

a) Einen mittleren Teil, der einen dorsalen und einen ventralen Abschnitt besitzt.

b) Zahlreiche, meist paarige Verzweigungen, die ventral bzw. seitwärts in das ventrale Lumen des mittleren Teils einmünden.

Der mittlere Teil verläuft von seinem dorsalen und über das Gehirn hinausreichenden Ende schräg nach rückwärts, wobei die Samenblase und die gebogenen Vasa deferentia von ihm verdeckt werden (*A* in Abb. 47). Dann biegt er nach ventral um, indem er die Vasa deferentia umwächst, um dann ventral von der Samenblase zur Geschlechtsöffnung zu ziehen. Sein Inneres zeigt ein deutliches Lumen, das als direkte Fortsetzung des Spermatophorenganges zu verfolgen ist. Der dorsale und ventrokaudale Abschnitt des mittleren Drüsenteils ist dick und breit (Abb. 46). Er wird in Richtung auf den Spermatophorengang zu schmäler und nimmt dabei Röhrenform an, dementsprechend ist das Lumen zunächst eng und queroval und dann kreisförmig.

Die verzweigten Teile der Drüse. Es sind vorhanden:

a) Eine rundliche, unpaare, ventrale Ausstülpung (*B* in Abb. 46, 47), die kurz nach der Einmündung der Samenblase ventral in das ventrale Lumen des mittleren Drüsenteils eintritt. Sie verdeckt ihre Mündung, indem sie diese von ventral her überwächst. Zu jeder Seite liegt eine paarige Nebenausstülpung (*b* in Abb. 46).

b) Ein paariger, seitlicher, kurzer Schlauch (*C* in Abb. 46), der unter der Samenblase einmündet.

c) Ein zweiter paariger, seitlicher, aber langer Schlauch (*D* in Abb. 46). Er kann über das kaudale Ende des mittleren Drüsenteils hinausreichen. Er mündet seitwärts in das ventrale Lumen des mittleren Drüsenteils ein.

d) Eine ventrale, dicke, große und viereckige Aussackung (*E* in Abb. 46). Ihre Mündung liegt unterhalb der des zweiten seitlichen Schlauches (*D*).

e) Ein paariger ventraler, langer Schlauch (*F* in Abb. 46). Er mündet in das ventrale Lumen des mittleren Drüsenteils, bevor dieser die Umbiegung nach dorsal macht, und erstreckt sich weit kaudalwärts in den Körper hinein.

5. *Spermatophorengang.* Die Verlängerung der ventralen mittleren Anhangsdrüse bildet den Genitalgang. Er beginnt nach der Einmündung der Samenblase, läuft schräg dorso-rostral der Genitalöffnung zu und stellt die Verbindung zwischen den Genitalorganen und der Außenwelt her (Abb. 47). Sein Lumen ist von der Genitalöffnung bis zu seinem kaudalen Ende, kurz vor der Einmündung der Samenblase, durch zwei verschiedenartige Chitinsorten ausgekleidet, die dorsale Wand durch

hartes und die ventrale durch Gelenkchitin. Da die mit hartem Chitin ausgekleidete dorsale Wand keine genügende Elastizität gewährleistet, muß die mit elastischem Gelenkchitin versehene ventrale Wand bei der Ausstoßung der Spermatophoren die nötige Erweiterung des Spermatophorenganges ermöglichen (Abb. 51).

6. *Die männliche Genitalöffnung* liegt auf der Bauchseite etwa zwischen den Coxen des zweiten Beinpaares und ist ihrer Form und Struktur nach sehr abweichend von der des Weibchens. Sie ist durch eine harte chitinige Oberlippe, das Apron, und durch eine mit Gelenkchitin versehene Unterlippe von der weiblichen unterschieden.

Das Apron beginnt rostral von der Geschlechtsspalte mit einer einschichtigen harten Chitinplatte und reicht dünner werdend über die Genitalöffnung so weit hinaus, daß es die Geschlechtsspalte ganz überragt. Das Chitin des Aprons schlägt nach innen um und kleidet die dorsale Wand des Spermatophorenganges aus (Abb. 51).

Die kaudal von der Geschlechtsöffnung gelegene und vom Apron verdeckte Unterlippe bildet eine Delle und springt dann lippenartig gegen die Geschlechtsöffnung vor. Sie ist mit Gelenkchitin überzogen. Dieses Chitin geht weiter in das Körperinnere hinein und bildet die ventrale Wand des Spermatophorenganges. Kaudal ist die Unterlippe vom harten Chitin des Genitalöffnungsringes umgeben.

Die Aufgabe des Aprons bei Metastriaten soll nach manchen Autoren, z. B. NUTTALL, mit der Kopulation zusammenhängen. Da der Kopulationsvorgang der Art noch nicht klar ist, ist die Funktion des Aprons vorläufig unbekannt.

D. Die Anlage der männlichen Genitalorgane und ihre Entwicklung.

Histologisch unterscheidet sich die Anlage der Genitalorgane von den Genitalorganen des frischen Adultus mit Ausnahme der Genitalöffnung und des Spermatophorenganges nicht, sondern nur morphologisch. Ein morphologischer Unterschied besteht insofern als:

1. Der Verlauf der Hoden ziemlich geradlinig ist und sie in der Höhe der Rectalblase keine Biegungen machen.

2. Die Vasa deferentia, nachdem sie die rostralen Enden der Genitalfurchenmuskelreihen umwachsen haben, keine U-förmige Biegungen machen, sondern ziemlich gerade verlaufend in die Samenblase münden.

3. Die Verzweigungen der Anhangsdrüse besonders (*E* und *F* in Abb. 48) keine langen Schläuche bilden und zu beiden Seiten der ventralen Ausstülpung (*B* in Abb. 48) keine ventrale Nebenausstülpungen liegen, wie es beim frischen Adultus der Fall ist (vgl. Abb. 48 und 46).

Die Verzweigungen der Drüse sind ziemlich rundlich und kurz, so daß die Drüse der Anlage im Gegensatz zu der des frischen Adultus ein kompaktes Aussehen erhält.

über die Entwicklung des Zeckenadultus in der Nymphe. 581

Bis zum 15. Entwicklungstag ist die männliche Genitalanlage unverändert. Dann tritt die Weiterentwicklung ein. Während vom 15. bis 24. Entwicklungstag die Hoden, die Vasa deferentia und die Anhangsdrüse nach einigen morphologischen Umbildungen die in der Abb. 46

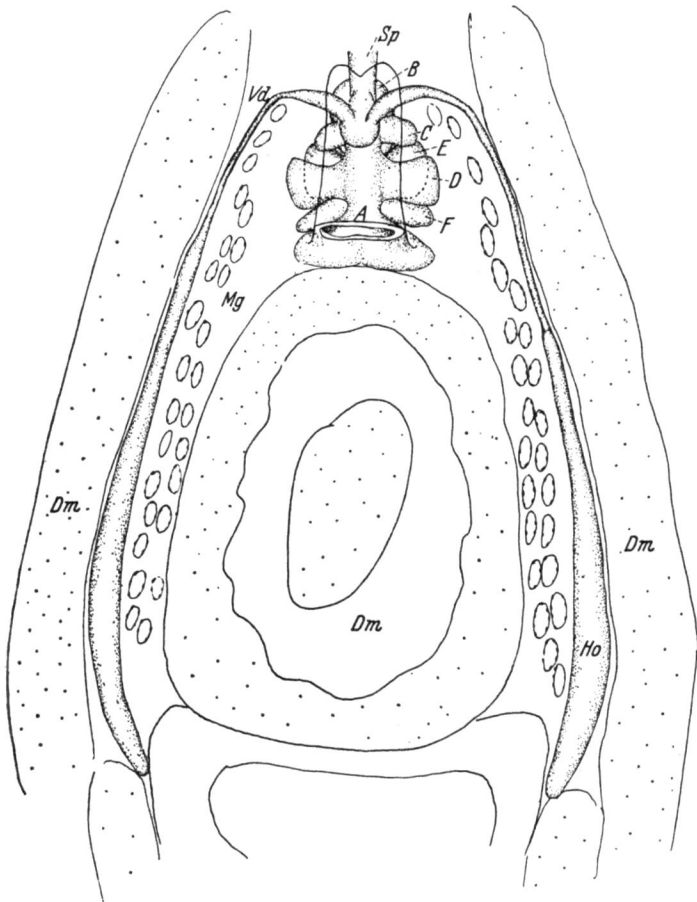

Abb. 48. Die Anlage der männlichen Genitalorgane Entwicklungstag: 4. Vergr. 55mal. *Dm* Darm, *Ho* Hoden, *Vd* Vasa deferentia, *Sp* Spermatophorengang, *Mg* dorso-ventrale Muskulatur der Genitalfurche.

erkenntliche Form annehmen, treten an der Genitalöffnung und dem Spermatophorengang histologische Umbildungen auf, auf die ich kurz eingehen will.

Der Spermatophorengang beginnt als breite Einstülpung, die Öffnung selbst zeigt noch keine Andeutung von Apron und Unterlippe.

Am 15. Entwicklungstag sind an den Stellen, wo der Spermatophorengang mit der Bauchhypodermis zusammenstößt, schon zwei Faltungen der Hypodermis gebildet (vgl. Abb. 49). Die an der rostralen Seite

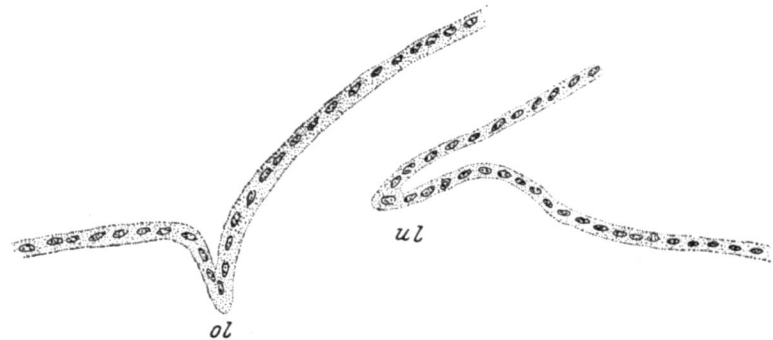

Abb. 49. Entwicklungstag: 15.

der Genitalöffnung entstandene Faltung ragt ventralwärts vor. Dagegen steht die andere kaudale Faltung rostralwärts. Damit ist die Anlage des Aprons und der Unterlippe gegeben. (Über die stammesgeschichtliche Bedeutung des Aprons s. P. SCHULZE 1937, S. 462.)

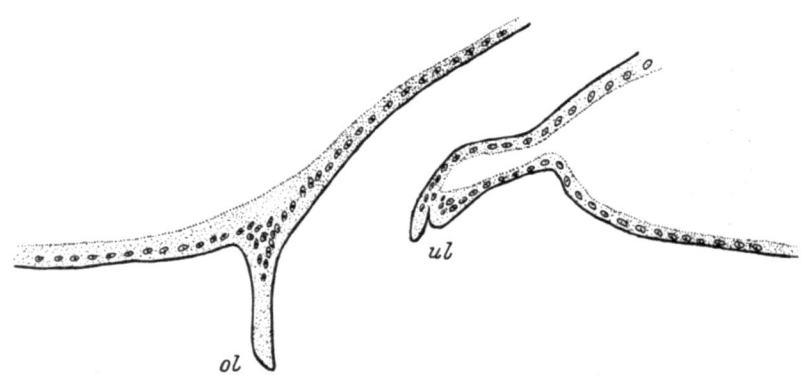

Abb. 50. Entwicklungstag: 18.

Am 18. Entwicklungstag schreitet die Entwicklung dieser Anlage weiter vor. Die Kerne der das Apron bildenden rostralen Falte ziehen sich allmählich vor ihr zurück. Die Bildungsschicht stellt ein Synzytium dar. Ihre basale Membran läuft nun geradlinig über die Falte fort, so daß die ventralwärts ragende Falte einschichtig wird. Dagegen bewahrt die kaudal gerichtete Falte ihre Zweischichtigkeit, sie bildet aber nun eine zweite Faltung, aus der die Unterlippe gebildet wird (Abb. 50).

Über die Entwicklung des Zeckenadultus in der Nymphe. 583

Die Genitalöffnung und der Spermatophorengang sind in diesem Stadium mit einer dünnen Chitinschicht, dem Tektostracum, ausgekleidet. In weiteren 6 Entwicklungstagen, bis zum Ausschlüpfen der Nymphe, wird die Chitinauskleidung vollendet. Von ihrer Beschaffenheit und der

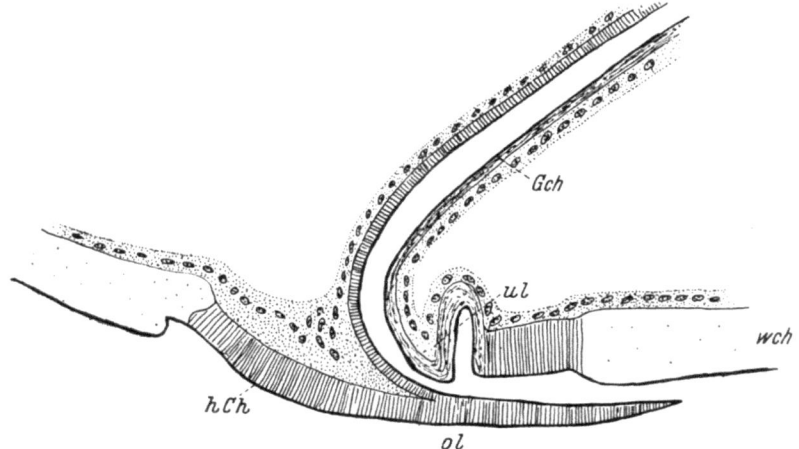

Abb. 51. Entwicklungstag: 25.
Abb. 49—51. Die Entwicklung der männlichen Geschlechtsöffnung. Vergr. 150mal. *Ul* Unterlippe der Geschlechtsöffnung, *Ol* Oberlippe der Geschlechtsöffnung, *wCh* weiches Chitin, *hCh* hartes Chitin, *Gch* Gelenkchitin.

fertigen Form der Genitalöffnung und dem Spermatophorengang haben wir schon gesprochen (Abb. 51).

VII. Zusammenfassung.

Die Nymphencuticula besteht aus hartem, weichem und Gelenkchitin.

Das harte Chitin setzt sich aus zwei Lagen zusammen: Tektostracum und Ektostracum. Das Tektostracum stellt ein dünnes ungegliedertes Oberflächenhäutchen dar, während das Ektostracum von dichtstehenden Kanälchen durchsetzt ist.

Das weiche Chitin enthält drei Schichten: das Tektostracum, Ektostracum und das horizontal geschichtete Hypostracum.

Das Gelenkchitin besteht aus Tektostracum und Hypostracum.

Mit dem Abfallen der Nymphe vom Wirt setzt die Mitosenperiode der Hypodermis ein, dann lösen sich erst die Drüsensinnesorgane und nachher die Hypodermis von der Nymphencuticula ab, es kommt dadurch zur Bildung des Exuvialraumes. In den Exuvialraum zwischen der Nymphencuticula und der Hypodermis wird von den Drüsensinnesorganen und der Hypodermis Exuvialflüssigkeit abgeschieden, die von der Hypodermis stammende löst das Hypostracum auf.

Vom 15. Entwicklungstag an beginnt die Bildung der neuen Cuticula. Die Entstehung der komplizierten Strukturen des harten, weichen und Gelenkchitins der Adultuscuticula ist gut zu verfolgen. Während der Chitinbildung werden die Hypodermiszellen höher und ihr Plasma sammelt sich distal von den Kernen an, so daß hinter den Kernen basale „Stelzen" entstehen. Die Kerne nehmen an Ausdehnung beträchtlich zu. Sie rücken an die Hypodermisoberfläche und strecken sich stark in die Länge. Je nach der Lage der Zellen liegen sie nun senkrecht oder parallel zur Oberfläche. Nach Beendigung der Chitinbildung gehen die Kerne auf ihre ursprüngliche Größe zurück. Besonders große Hypodermiskerne wurden unter den Zähnchen des Rüssels gefunden. Sie machen die gleichen Veränderungen wie die übrigen Hypodermiskerne durch.

Die Drüsensinnesorgane treten, wie schon erwähnt, während der Häutung als Häutungsdrüsen auf und geben ein Sekret in den Exuvialraum ab, während sie vor und nach Beginn der Häutung ein anders geartetes Abscheidungsprodukt ausstoßen, das offenbar die Endapparate der Hautsinnesorgane und die Cuticula vor Austrocknung schützt.

Kurz vor Beginn der Chitinbildung lösen sich die Sehnen der dorsoventralen Muskulatur von der Nymphencuticula ab, die Hypodermis sinkt infolge der starken Kontraktion der von der Cuticula getrennten Muskulatur ein. Die eingesunkene Hypodermis bildet dann während der Chitinbildung die Sehnen, die wieder die Verbindung zwischen Adultuscuticula und der Muskulatur herstellen.

Es wird die Entwicklung der männlichen und weiblichen Geschlechtsorgane untersucht. Beim Weibchen wurde eine eigentümliche Ventilklappe aufgefunden. Ihre Bedeutung für Begattung und Eiablage wird dargelegt.

VIII. Literaturverzeichnis.

Abderhalden, E.: Sammeln, Züchtung und Untersuchung von Zecken. Handbuch der biologischen Arbeitsmethoden, Abt. IX, Teil 7, S. 11—96. 1930. — **Bonnet, A.:** Recherches sur l'anatomie et le développement des *Ixodidés*. Ann. Univ. Lyon, N. L. 1 (Sci. med.), H. 20 (1907). — **Christophers, S. R.:** The Anatomy and Histology of Ticks. Scient. Mem. by Officers of the Med. and Saint. Dep'ts. Gov. India N. s. **1906**, Nr 23. — **Falke, H.:** Beiträge zur Lebensgeschichte und postembryonalen Entwicklung von *Ixodes ricinus* L. Z. Morph. u. Ökol. Tiere **21** (1931). — **Korschelt, E.:** Einige Bemerkungen zur Frage des Muskelansatzes und der Muskelsehnenverbindung. Z. Zool. **151** (1938). — **Kühn, A. u. H. Piepho:** Die Reaktionen der Hypodermis und der Versonschen Drüsen auf das Verpuppungshormon bei *Ephestia Kühniella* Z. Biol. Zbl. **58** (1938). — **Nordenskiöld:** Zur Anatomie und Histologie von *Ixodes reduvius*. Zool. Anz. **25** (1908); **27** (1909). — **Oppermann, E.:** Die Entstehung der Riesenspermien von *Argas columbarum* Shaw, *reflexus* F. Z. mikrosk.-anat. Forschg **37**, 538—560 (1935). — **Robinson, L. E.** and **D. E. Davidson:** The Anatomy of *Argas persicus*. Parasitology **6** (1913/14). — **Ruser, M.:** Beiträge zur Kenntnis des Chitins und der Muskulatur der Zecken *(Ixodidae)*. Z. Morph. u. Ökol. Tiere **27** (1933). — **Samson, K.:** Zur Anatomie und Biologie von *Ixodes ricinus*. Z. Zool. **93** (1909). — Spermiohistogenese der Zecken. Sitzgsber. Ges. naturforsch. Freunde Berl. **1909**. — **Schlottke, E.:** Die Häutung der Spinnenlungen und die dabei zu beachtende Größenveränderung der Zellkerne. Z. Morph. u. Ökol. Tiere **34** (1938). — **Schulze, P.:** Ixodiden, Biologie der Tiere Deutschlands, Teil 21. Berlin 1923. — Zur Einbettungstechnik nach Diaphanolbehandlung. Sitzgsber. u. Abhandl. naturforsch. Ges. Rostock, III. F. **2** (1927/28). — Über die Körpergliederung der Zecken, die Zusammensetzung des *Gnathosoma* und die Beziehungen der *Ixodidae* zu den fossilen Anthracomarti. Sitzgsber. u. Abhandl. naturforsch. Ges. Rostock **3** (1932). — *Ixodidae* der Deutschen Limnologischen Sundaexpedition. Arch. f. Hydrobiol. Suppl. **12**, Tropische Binnengewässer **4** (1933). — Zur vergleichenden Anatomie der Zecken. Das Sternale, die Mundwerkzeuge, Analfurchen, Analbeschilderung und ihre Bedeutung, Ursprünglichkeit und Luxurieren. Z. Morph. u. Ökol. Tiere **30** (1935). — Durch Raummangel bedingte Hemmungserscheinungen an einzelnen Körperteilen in der Ruhenymphe der Ixodiden und das Auftreten entsprechender Bildungen als Art- und Gattungsmerkmale. Z. Morph. u. Ökol. Tiere **33** (1937). — Über rein glabellare Karapaxbildungen bei Milben und über die Umgestaltung des Vorderkörpers der *Ixodidae* als Folge der Gnathosomaentstehung. Z. Morph. u. Ökol. Tiere **34** (1938). — **Snodgrass, R. E.:** Principles of Insect Morphology, 1935. — **Tuzet, O.** et **J. Millot:** Recherches sur la Spermiogenèse des *Ixodes*. Bull. biol. France et Belg. **71** (1937). — **Wagner, J.:** Embryologie von *Ixodes calcaratus*. Trav. Soc. Nat. St. Petersburg. Zool. Phys. **24** (1894).

Erklärung zur Tafel I.

Abb. 1. *Boophilus calcaratus balcanicus:* die Auflösung der Nymphencuticula; a das Hypostracum *(Hyp)* von der Exuvialraumflüssigkeit angegriffen, diese Stelle quillt auf; b die aufgequollene Hypostacumstruktur blättert auf; darauf c die Verdauung der aufgeblätterten Strukturen des Hypostracums. *Tek* Tektostracum, *Ekt* Ektostracum, *Exrf* Exuvialraumflüssigkeit, *Exr* Exuvialraum. Vergr. 135mal.

Abb. 2. Die Chitinisierung der zunächst im Plasma auftretenden Fibrillen. Vergr. 1600mal. 22. Entwicklungstag, *St* „Stelzen" hinter den Zellkernen, *Z* Plasmazone, *Bm* Basalmembran.

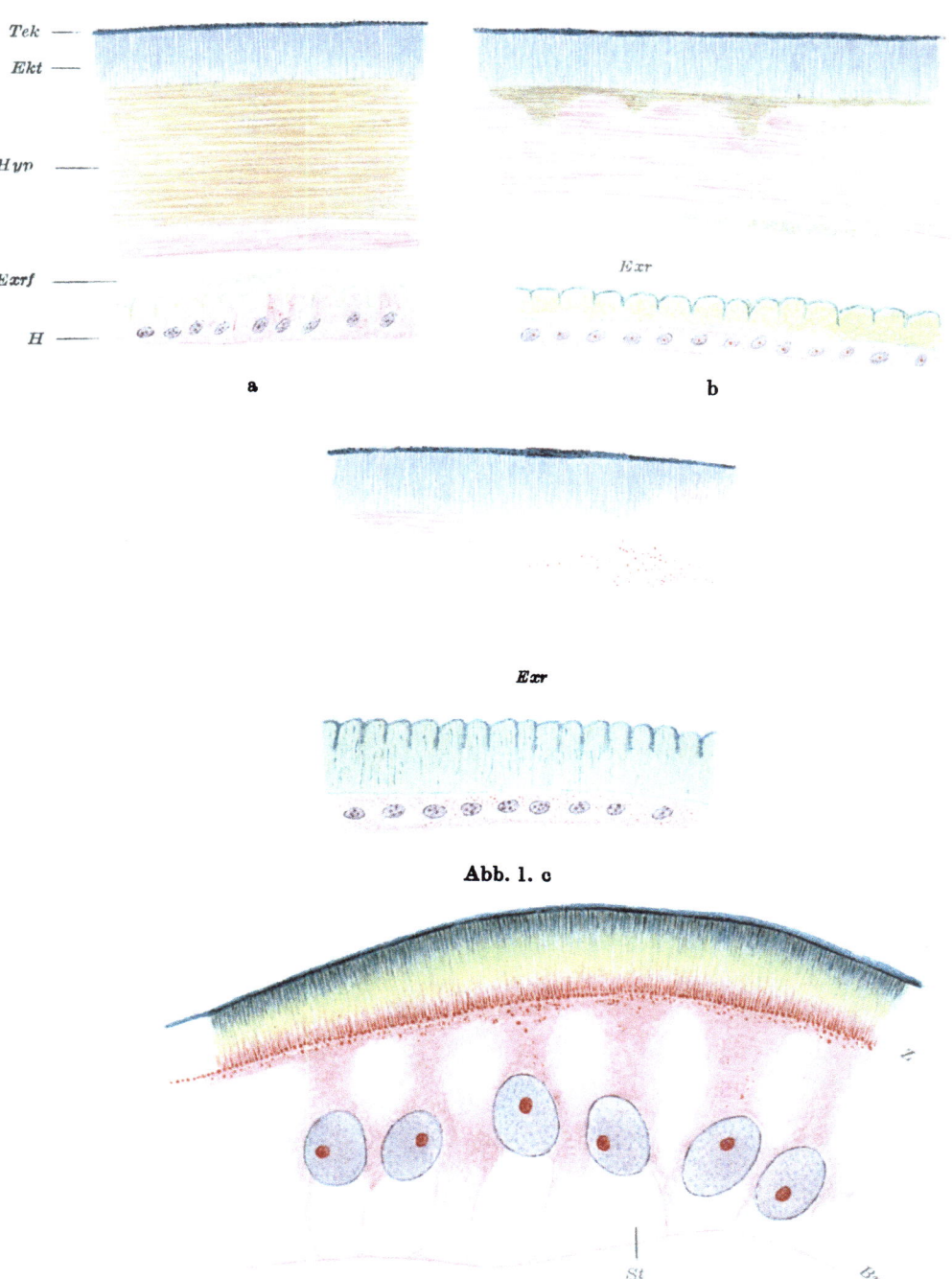

Abb. 1. c

Abb. 2.

Lebenslauf.

Ich, Suavi Yalvaç, bin am 15. 12. 1911 zu Erzurum in der Türkei als Sohn des Studienrats der Geschichte und Philosophie, Dursun Yalvaç, geboren. Ich habe die türkische Staatsangehörigkeit und bin islamischer Konfession. Ich besuchte die fünfjährige Grundschule (Ilk okul) und 6 jährige Oberrealschule (lise) in Sivas (Türkei) und bestand mein Abitur in der mathematischen Abteilung der letzteren im Juni des Jahres 1933. Anschließend besuchte ich die Oberrealschule in Seesen a. Harz, um die deutsche Sprache zu erlernen. Im Wintersemester 1934/35 begann ich in Berlin Naturwissenschaft zu studieren. Im Sommersemester 1935 kam ich nach Rostock, wo ich bis 1939 mein naturwissenschaftliches Studium fortsetzte. Meine Lehrer waren an der Universität Rostock die Herren Professoren P. Schulze, von Guttenberg, von Bülow, Correns, Schlottke und Herr Dozent Dr. Erhardt, an der Universität Berlin die Herren Professoren Hesse Herter, Noack.

MIX
Papier aus verantwortungsvollen Quellen
Paper from responsible sources
FSC® C105338

If you have any concerns about our products,
you can contact us on
ProductSafety@springernature.com

In case Publisher is established outside the EU,
the EU authorized representative is:
**Springer Nature Customer Service Center GmbH
Europaplatz 3, 69115 Heidelberg, Germany**

Printed by Libri Plureos GmbH
in Hamburg, Germany